# 室内声学定位与识别

王海涛　曾向阳　著

西北工业大学出版社

西安

【内容简介】 本书共分 6 章,涉及 4 方面内容:室内环境中房间脉冲响应的实验测量方法及数值仿真方法,基于时间反转聚焦的室内声源定位,基于特征级混响处理的室内说话人识别,以及基于室内声场扰动分析的室内物体识别。

本书既可供室内声学领域的科技工作者参考,又可作为声学、信号处理、人工智能等相关学科的研究生教材。

## 图书在版编目(CIP)数据

室内声学定位与识别/王海涛,曾向阳著.—西安:
西北工业大学出版社,2019.3
ISBN 978 - 7 - 5612 - 6449 - 2

Ⅰ.①室… Ⅱ.①王… ②曾… Ⅲ.①室内声学
Ⅳ.①TU112

中国版本图书馆 CIP 数据核字(2019)第 017521 号

SHINEI SHENGXUE DINGWEI YU SHIBIE

**室 内 声 学 定 位 与 识 别**

---

**责任编辑:**万灵芝 **策划编辑:**雷 鹏
**责任校对:**张 潼 **装帧设计:**李 飞
**出版发行:**西北工业大学出版社
**通信地址:**西安市友谊西路 127 号 邮编:710072
**电　话:**(029)88491757,88493844
**网　址:**www.nwpup.com
**印 刷 者:**陕西向阳印务有限公司
**开　本:**727 mm×960 mm　　1/16
**印　张:**10.25
**字　数:**206 千字
**版　次:**2019 年 3 月第 1 版　2019 年 3 月第 1 次印刷
**定　价:**68.00 元

---

如有印装问题请与出版社联系调换

# 前　　言

现实生活中,人们总是不可避免地处于各种声环境之中,其中又以封闭的室内声环境居多,例如居室、办公室等尺度较大的场所,也有飞机、潜艇、汽车舱室等尺度较小的空间。为营造良好的声学舒适性、听觉可懂性以及实现更为前沿的智能识别等相关功能,对于室内的声信号进行处理并继而实现室内混响环境下的声源定位、模式识别是十分必要的工作。

传统上,声源定位、基于声信号的模式识别等研究主要依托于自由场环境中的理论方法开展,例如基于麦克风阵列的声源定位方法、经典的语音识别框架等。这些方法虽然取得了长足的进展,但在封闭的混响环境中仍然有很大的不足。这是因为声在有界空间中的传播远较自由空间复杂,声在界面会发生传播路径和能量的改变,多个界面的这种累积效应,使得有界空间内的声传播过程很难通过精确的数学模型来加以描述,因此在有界空间内的声信号研究方法也就与自由空间中的有很大不同;如果再考虑到有界空间内发生的与波动特性有关的一系列声学现象,如干涉、衍射等,那么有界空间内的声信号处理就面临着更大的困难。近年来,国内外已有越来越多的科技工作者加入到对室内环境中声信号相关研究的行列中。

自 2000 年以来,室内环境中的声场建模、声信号处理、语音识别、基于声学手段的模式识别等研究内容引起了笔者及所在课题团队的兴趣,随后开始了 10 余年的探索,先后获得三项国家自然科学基金和多项企业横向预研项目的资助,在几何、波动声学建模方法、混响环境中的语音识别、声源定位、物体识别等方面取得了一定成绩。室内声学定位与识别涉及的知识面十分广博,包含了数学建模、声学、信号处理、模式识别等多个学科领域,对于新入门者,要全面把握其基本知识、掌握主要研究方法与手段极其不易,为此笔者萌发了撰写一部专著与同行共享研究成果的想法。

本书的编写分工如下:王海涛负责第 1、2、3、5、6 章的撰写工作,曾向阳负责第 4 章的撰写工作。本书在撰写过程中,得到了课题组陈克安教授的大力指导,在此表示衷心感谢! 同时,参考和引用了国内外众多学者的研究成果,为此向相关作者表示衷心的感谢。另外,本书中的部分资料收集、算例计算等内容得到了课题组王强、马慧颖、黄婉秋等研究生的帮助,在此表示感谢! 本书的研究工作得到了国家自然科学基金青年基金项目(No. 11604266)、中央财政专项基金舱内降噪重大专项(No. MJ-2015-F-044)的资助,在此深表感谢!

室内声学定位与识别是一个刚刚兴起的多学科交叉的研究方向,其涉猎面异常广博,目前的发展日新月异,要撰写一部全面深入介绍其基本理论及方法的著作,就笔者的科研经历与能力来说几乎是办不到的。本书仅是多年来个人及所在课题团队的研究成果集结,存在的不足之处,期望在后续研究和读者的批评指正中进一步完善。

著 者

2018 年 10 月

# 目　　录

# 第1章 概　　述

## 1.1　室内声学问题及主要特点

现实生活中，人们大部分时间是在各种室内环境中度过的，例如人们的生活居室、工作场所，音乐厅、歌剧院等观演场所，以及飞机、舰船、火车等机动体的内部舱室。由于听觉是人类获取外界信息的重要工具，也是人体最灵敏的感觉功能，对室内环境中的声学问题展开研究对于提高室内音质、促进听觉舒适性以及开展更高阶的工程应用都具有重要的意义。

从几何属性来看，室内环境通常属于封闭或半封闭类型的空间，其内部声波的传播与自由场环境有着巨大的差别。在室内环境中，声源发出声波后，因为墙壁、地面、天花板和其他反射体及吸声体的存在，声波在传播过程中会发生吸收、反射、散射、透射及衍射等效应，接收点实际接收到的信号可以描述为原始信号通过多路径传播后的余量，而且，由于室内壁面材料往往在高频处有较大的吸声系数，这样就导致室内环境通常具有较为明显的低通滤波作用。这些效应会导致室内环境中的声学特性与自由场环境存在很大的不同，因此对室内环境中的某些声学问题来说，传统的基于自由场的处理方法就会出现较大偏差乃至失效。

从研究内容角度来说，室内声学涉及的问题种类繁多，本书主要关注以下四方面内容。

### 1. 室内环境中房间脉冲响应的获取问题

房间脉冲响应是描述室内环境中声源到接收点声传播路径特性的关键参数，与声场相关的绝大部分声学指标都可以利用房间脉冲响应获得。另外，房间脉冲响应也是本书中所涉及声学问题的研究基础，相关技术均需利用房间脉冲响应作为中间参数而实现。因此，房间脉冲响应的获取就成为本书的一个基本研究问题。

## 2.室内声源定位问题

室内声源定位是一类室内环境中非常常见的声学问题,是指利用声学和电子装置来接收并处理声场信号,从而确定声源位置的技术。该技术是许多先进工程应用开展的基础技术,最早应用于军事领域,后日益扩展到民用领域,如视频会议、机器人听觉、大型场所安保、人员定位、舱室故障查找等。准确而快速的室内声源定位技术对于提高各项相关工程应用的技术成熟度具有重要的意义。

## 3.室内说话人识别问题

说话人识别又称声纹识别,指利用声信号对说话人身份进行识别的一种技术。它是一项交叉运用室内声学、心理学、生理学、数字信号处理、模式识别、人工智能等知识的综合性研究课题。与其他生物特征如指纹、掌纹和虹膜等相比,语音使用更为自然,使用频率高,用户接受度高;语音采集系统可使用普通麦克风等,简单经济;说话人识别准确度高和可远程应用。因此,说话人识别将是下一个广泛应用的身份识别技术。目前说话人识别已成为很多人工智能应用场景的接口技术,广泛应用于身份鉴别与身份确认等领域中,发展良好的室内说话人识别技术对于提高人工智能的发展水平具有很强的辅助作用。

## 4.基于声场扰动分析的物体识别问题

此类问题是近年来新兴的一项技术,指以声波作为探测手段或载体实现对室内环境中的物体的识别。该技术类似于一种主动探测技术,可通过分析物体对声波传播的影响反向识别物体,甚至不要求物体具有发声属性即可完成识别,可应用于智能机器人技术、智能家居、智能安防等,作为一项前沿技术已在声学领域及模式识别领域受到越来越多的关注。

上述四类问题在室内声学领域具有很强的代表性,这些问题本身及其关联研究基本涵盖了室内声学所涉及的几大类问题:房间脉冲响应的获取对应于声场分析问题,室内声源定位对应于声源特性问题,说话人识别及基于声场扰动分析的物体识别则对应于室内混响利用及抑制、声学识别等。另外,上述四类问题在研究方法及理论方面也存在着明显的递进关系:房间脉冲响应的获取是开展各类室内声学研究的基础问题,利用房间脉冲响应可以在已知测量信号的情况下反推得到声源的相关特性特别是其位置,说话人识别本质上就是对声源进行区分归类的问题,而基于声场扰动分析的物体识别则是综合了各种室内声学理论的进阶研究。

本书将在室内声学理论框架内对上述四类问题展开充分研究,对于房间脉冲响应的获取问题,将从试验与数值仿真两方面开展研究,且重点介绍采用了新方法与新理论的仿真手段。对于室内声源定位问题,本书提出一种不同于传统的基于传声器阵列的时间反转定位方法,此方法可充分利用室内混响特性来实现高精度的室内声源定位。对于说话人识别问题,本书将系统介绍混响抑制、混响补偿等方法,并将其充分与室内声学理论结合分析说话人识别与室内声场特性之间的关系。对于基于声场扰动分析的物体识别问题,本书提出一种基于房间脉冲响应扰动分析的识别框架,可实现对室内无源物体的识别。

## 1.2 室内声学技术及其发展历程

### 1.2.1 房间脉冲响应的获取

房间脉冲响应是室内声学中的基本参数,描述了室内环境中声源到接收点之间的声波传播路径信息[1]。在过去,人们主要采用缩尺模型来研究封闭空间内的声场。人们在实验室中建立待建造结构的按比例缩小的物理模型,当使其符合一定的声学要求后,再依比例建造出实物结构,这种方法在实际建筑音质设计中发挥了巨大的作用,但由于这类方法所需要的技术水平和经济成本较高,其应用往往局限于一些大型项目,而难以向更大的范围推广。目前,房间脉冲响应的获取主要有实验测量及数值仿真两种方式。房间脉冲响应的实验测量方法在理论及实现上都较为简单,因此房间脉冲响应的获取研究主要集中于数值仿真手段。

根据室内声学理论,要利用数值手段获取一个空间的房间脉冲响应,其实质上也就是对空间的声场进行预测。声场模拟预测研究始于建筑声学领域,

20世纪50年代初,有学者提出了利用微机模拟室内声场的构想,但由于还没有形成完善的理论基础,又缺乏足够的技术支持,在此后的近20年里发展比较缓慢。对于数字式声场模拟理论起到重要推动作用的主要是瑞典、挪威等几个北欧国家的研究成果。其中,挪威的 A. Krokstad 在1968年正式提出了第一个声线跟踪算法(Ray Tracing Method,RTM),它与后来出现的虚声源法都是以几何声学为基础的经典的室内声场模拟方法[2]。最初,算法仅限于平面情况。在80年代前后,A. Krokstad,A. Kulowski 等人从算法设计和程序实现方面对这种基本方法做了进一步研究,使得它们可直接用于三维室内声场的模拟。20世纪80年代,数字式声场模拟技术有了新的发展。Vorländer 提出了一种混合方法,该方法巧妙地利用了声线跟踪法和虚声源法在本质上的联系和各自的优点,将它们合二为一,即利用声线跟踪过程寻找有效的虚声源,从而使计算效率和精度都得到较大的提高[3]。

进入20世纪90年代后,出现了一个研究数字式声场模拟方法的高峰时期。这一阶段,对声场计算机模型的研究出现了多样化的趋势,同时声线跟踪模型得到了极大的改进与丰富,除了基本的声线跟踪模型外,以此为基础的声束跟踪模型、自适应声束跟踪模型等改良的模型相继被提出。在现阶段,以声线跟踪为核心方法的对于室内声场的模拟技术已趋于成熟,国际上已有商品化软件出现。最近10年,室内声场的研究呈现出蓬勃发展的趋势,研究成果已开始朝实用型转化,研究的方向也呈现多样化的趋势[4]。

在早期的声场数值仿真研究中,研究人员主要利用物理学的概念对声波的传播利用声线或虚声源进行模拟,故均以几何声学为理论基础,因而只适用于中高频或大尺度结构情况,以及应当满足界面尺寸远大于声波波长这一条件,因此这些方法主要用于大型建筑的声学设计、噪声预测与评价。但是,在人们日常生活中,小型的舱室空间也是经常遇到的情况,例如飞机、汽车舱室等内部的声场,声振耦合问题突出,且低频效应显著,要想获得比较精确的解,必须依赖波动声学理论,故而基于波动声学的声场数值仿真也是声场数值预测的一个重要研究分支。

目前大部分关于小尺度封闭空间声场数值计算的研究都集中于有限元、边界元等方法。不过,有限元法、边界元法等方法有其固有的弱点,即其依赖于一个预先定义的通过节点连接在一起的网格或单元信息,这会导致一系列的问题。第一,就是前处理困难,计算之前要生成网格模型,这使得数据准备的工作量大,尤其对于比较复杂的结构模型,容易出现畸变网格,导致精度受到严重影响;第二,由于这类方法普遍采用低阶多项式作为声压函数插值函数,不可能对较高频率声波传播问题给出很好的近似;第三,计算结果不是光滑连续的,需要进行光顺化后处理(smoothing post-processing)。

近十几年,在力学领域发展起一种新型数值计算方法——无网格法。所谓无网格法就是用一组节点来离散求解区域,直接借助于离散点来构造形函数,从而能彻底或部分地消除网格的一种数值计算方法。由于摆脱了网格的束缚,无网格法具有一系列良好的特性。第一,由于只需要将模型用节点离散,大大降低了前处理的难度,而且避免了因为网格畸变带来的问题;第二,采用紧支函数的无网格法和有限元法一样具有带状稀疏矩阵的特点,适用于求解大型科学和工程问题;第三,无网格法的自适应很强,在自适应分析中不需要重新划分网格,极易实现自适应分析,若引进小波函数,还具有多尺度分析功能;第四,无网格法可以提供连续性好、形式灵活的形函数,从而使计算结果光滑连续,不需要光顺化的后处理[5]。鉴于无网格法的诸多优良特性,本书将此方法引入小尺度封闭空间的声场计算,利用其可获得高精度的声场预测结果。

### 1.2.2 室内声源定位

目前常用的声源定位技术是以传声器阵列为基础的声源定位技术。基于传声器阵列的声源定位算法方法主要有三类:波束形成算法、高分辨率谱估计算法和时延估计算法。这三类算法各有特点:波束形成法尽管不受相关性的限制,但在增强信号的同时,也提高了该方向的噪声,且受限于基阵孔径;高分辨定位算法以平稳信号为分析对象,且算法复杂,运算量大;自适应的滤波延迟估计法可解决运动声源定位中的实时问题,但前提假设为噪声是不相关的,且算法收敛速度慢。上述方法以及不断更新的后处理算法与一些特定的阵列结合,可获得良好的定位效果,因而在开放式的环境中应用广泛。不过,这些方法也具有算法复杂、阵型需专门设计、经济成本较高以及容易受噪声和混响等环境因素的影响等不足之处,一定程度限制了其实际应用。另外,还有基于双耳听觉机理双传声器的定位研究,不过,大部分都为理论研究,应用也多是近场或封闭声场。因此,将这些方法直接应用到室内声场这种复杂的封闭环境中进行定位均具有一定的缺陷。

为了抑制混响所带来的影响,本书将时间反转聚焦的概念引入到室内声源定位之中。时间反转法(Time reversal method)源自光学中的相位共轭法(Phase conjugation method)[6],该方法被引入到声学领域,主要是基于声波及光波的传输相似性。声学时间反转方法的最早研究始于超声领域,后来又被引入水声探测及通信领域。声学中的时间反转研究起源于 20 世纪 60 年代。1965 年,Clay 等人报道了对声信号作时间反转处理后,再发射用来补偿多途影响的实验,但是该实验并没有表现出时间反转的空间聚焦特性[7]。1989 年,Fink 把针对单色连续光波相位共轭理论推广到了脉冲声波中,论证了单色连续波在频域内的相位共轭法是对应于脉冲声波在时域的时间反转法。换能器将接收到的 1~3 MHz 的声信号通过非均匀介质变成电信号后,利用光学里的混频方法得到时间反转信号后(频域上取相位共轭),再将其发射出去,可以实现脉冲声波在原目标方位上的自适应空时聚焦。同时,他还研制出了可以对信号进行检测、采样、存储、时间反转并且重新发射的实用性试验系统。由于该处理过程就如同信号被时间反转了一样,使得从声源发出的各路多径信号重新聚集在原目标处,所以该阵元被称为时间反转镜(Time Reversal Mirror,TRM)[8]。

时间反转方法和其他同类型的聚焦检测方法相比,有以下独特之处:介质的不均匀性、换能器阵列分布特性等这些先验知识都不需要事先了解,就可自动矫正由目标及时间反转镜之间的不均匀性产生的相位畸变(时延差异);声源发射的声束经过各自的途径到达时间反转镜,经过时间反转处理后,根据互易性原理,反转后重新发射的各声线将按原路径返回,自动修正多途引起的畸变,同时到达原声源处,相干叠加实现声波的自适应聚焦,具有一定的抗噪声能力。

## 1. 时间反转技术的提出

20 世纪 80 年代,Fink 等人在超声方面利用时间反转镜证明声场具有聚焦特性,并在以后对时间反转处理进行了更多更深入的研究,首次给出了时间反转镜的概念:指用多个收发合置的换能器组合而成的阵列对入射波进行采样、量化、存储、时间反转和再发射,从而使得不均匀介质中的入射声信号在原声源位置处形成聚焦[8]。

1991 年,Fink 等人指出,时间反转阵可以补偿媒质非均匀性造成的时延,并与目标及时间反转阵间的轴向距离无关。因为传统的主动时间延迟的聚焦性能会随目标及时间反转阵间的轴向距离的增大而降低,因此这是一个很重要的结论,即时间反转为在复杂环境中实现稳健的聚焦提供了一项新方法。在时间反转镜聚焦能力理论及试验验证的基础上,时间反转镜多目标检测则成为研究的一大热点[9]。

1992 年,Cassereau 和 Fink 对时间反转镜的概念做了推广,提出了理想试验环境下的时间反转腔(Time Reversal Cavity,TRC)模型,并在理论上做了详细推导[10-11]。1993 年,Cassereau 和 Fink 又提出了时间反转面的概念,并从时域及频域上分别进行了理论推导和仿真分析[12]。1994 年,Wang Hong 等人考虑了运动补偿问题,分析了可能的影响因素,并进行了试验验证,得出了一些有用的结论[13]。

1995 年,Fink 又提出了针对多目标媒介的迭代时间反转技术(Iterative Time Reversal)。迭代时间反转技术通过对时间反转来进行一次次重复的迭代操作以达到对最大散射率的目标的检测,但是对相对较弱的目标则没办法聚焦[14]。随后,Fink 对两个散射体的情况,在迭代时间反转处理的基础上提出了时间反转算子分解的方法(Decomposition of the Time Reversal Operator,DORT)。该方法对时间反转算子实施了特征值(奇异值)分解,由对特征向量的处理完成选择性聚焦。理论以及试验结果均表明时间反转法对处于不均匀介质中的两个散射体具有较好的定位性能[15]。

Fink 还研究了超声方面的空-时逆滤波,并把试验结果和时间反转处理的结果进行了对比,指出在有损耗、时变系统中,时间反转处理与空-时逆滤波的联系及区别[16]。2000 年,Fink 又验证了空-时匹配逆滤波和时间反转的关系,在理论及试验上,提到了用时间反转处理来实现空-时匹配逆滤波的可能性[17]。后来他在研究时间反转处理和空-时匹配逆滤波的关系时,提出了一种新的迭代方法。该方法把原始声源信号和进行时间反转发射后又接收到的信号相减,将得到的差值当作信号进行时间反转后再次发射,用该次接收到的信号再修正上一次时间反转发射后接收到的信号,不断重复这个过程,直到恢复出原信号,并分别从理论及试验方面验证了该自适应时间反转处理方法具有宽容性好、易执行的特点,并且还有更接近空-时逆滤波器最佳聚焦效果的优点。

## 2.时间反转技术在定位问题中的应用

时间反转技术在定位问题中的应用最早是在水声领域。1984 年,Ikeda 等人对时间反转镜应用到水声中做了定义以及基本的理论分析,指出主动时间反转法可以在未知介质先验信息的情况下,将信号在声源原始位置处重新形成空间聚焦[18]。1996 年,Kuperman 等人在地中海完成了时间反转镜浅海试验,证明在海洋环境中,利用一个收发合置阵以及简单的信号处理方法,就可以使时间反转发射后的信号在原声源位置处实现空时聚焦。试验表明,在浅海中,时间反转法是非常稳健的,并且试验结果与理论分析相符[19]。Kuperman 等人一共做了六次有关时间反转镜应用到海洋环境的试验,证明了时间反转镜良好的自适应性的特点,可以用于水下目标的探测及通信;还提出了一种时间反转镜海底混响置零的新方法。Edelmann 等人首次将时间反转镜用于水声通信[20-21]。对于海洋波导中多点散射体探测、定位的问题,Kuperman 和 Song 等人研究了水声迭代时间反转技术[22]。关于单个点散射体,经过迭代时间反转处理后,时间反转镜空间聚焦性能得到增强。当海洋中存在很多点散射体时,采用迭代算法,时间反转信号会聚焦在最大特征值相对应的目标位置处。当波导边界平坦时,时间反转算子特征值为目标反射率的函数,所以目标的反射率决定了聚焦能力。该选择聚焦的性能还有赖于目标以及时间反转阵之间的复杂传播环境。

Kim 等人采用时间反转处理技术,将声能量聚焦到了目标声源处,目标回波得到了有效加强,同时最小化了聚焦点的上下界面的混响,提高了信混比[23]。Song 等人提出了基于时间反转处理的混响凹槽的设置方法,并对其实施了试验论证[24-25]。该方法经过设置时间反转阵列激励,对有关距离的区域设定混响零点,把从该距离生成的混响变为最小。

时间反转处理还可用于解决水声通信中的编码信号多径传输问题。海洋中的声传播过程非常复杂,在水下通信中,多途效应和波阵面的畸变、散焦会使编码信号产生畸变和展宽,形成波形叠加,产生码间干扰,从而影响了解码,降低了通信的可靠性,并限制了通信速率。由于时间反转法最大的优点是不需要介质的先验知识就可以实现自适应聚焦,原则上讲,不管流体介质的不均匀性的时空变化多么复杂,也不管水下波导的结构多么复杂多变(如不平或倾斜的海底,水深的改变,以及波导在空间上的改变),只要环境变化比声波传播时间慢,即环境变化不能过于剧烈,展宽的脉冲都能被重新压缩(时间上和空间上),从而可用于减少水下通信中的码间干扰,降低误码率。时间反转法的出现向水下通信提供了一个新思路。2000 年,Kuperman 等人在意大利的厄尔巴岛采用 QPSK 和 BPSK 实施了水下通信试验,研究的目的是用时间反转法进行自适应通信,降低误码率。结果表明,在浅海中,时间反转法可以减少码间干扰及信道衰减,从而大大降低误码率。

以 Dowling 为首的研究小组主要是研究浅海中时间反转声场的特性。该研究小组讨论了时间反转镜的阵元数目、间距、时间反转阵距离等对空间聚焦及时间压缩的影响,发现在源-阵距离小时,会产生好的空间聚焦,而距离大时,会产生好的时间压缩;还研究了时间反转聚焦声场的稳定性,分析了海洋时变性对时间反转聚焦的稳定性的影响,发现选用低频率波可以获得较长时间的稳定性;还研究了运动阵在浅海中的聚焦问题[26]。

国内近年来也有不少的研究人员对时间反转法在水声中的应用发展进行了研究。张碧星等人研究了时间反转法在水下波导介质中的自适应聚焦,验证了时间反转镜在未知阵列配置及介质先验知识的情况下,实现自适应聚焦的能力,为实际应用中时间反转镜系统的分析和规划提供了物理基础和依据[27]。惠俊英等人研究了被动时间反转定位和水声通信的物理机理及信号处理算法。孙超等人研究了时间反转处理增强信混比、混响置零方法[28-29]。陈羽等人研究了水平阵以及垂直阵在浅海试验中的时间反转聚焦的原理[30]。师芳芳等人提出了一种时间反转及逆时偏移混合的方法,能够鉴别层状介质中的目标,并且可实现多目标定位,该研究对分层介质中的缺陷,浅海海底下的目标检测及定位都具有良好的应用价值。

在室内环境的声学定位问题中,Fink 等人于 2003 年尝试利用时间反转镜在封闭环境中进行了定位试验,证明基于收发合置的时间反转镜技术在室内定位中的有效性[31]。2009 年,曾向阳等人基于时间反转原理,提出了一种适合室内混响场的虚拟时间反转定位方法,并通过仿真实验验证了其可行性,初步分析混响对定位精度的影响[32]。目前,国内外对于这方面的研究相当少,有待于更多更深入的研究。

### 1.2.3　室内说话人识别

说话人识别本质是一种识别说话人身份的方法,在需要身份验证和鉴定的场合,说话人识别技术可以获得广泛的应用。现有说话人识别应用领域主要如下:①说话人核对。包括人机界面交互、语音邮件、电子交易以及门禁系统等。这方面已有部分成型的产品,如得意声纹识别引擎、苹果公司在 Mac OS 9 加入的 Voice Password 功能等。②刑侦及司法鉴定。历史上已有多例通过说话人的语音进行刑事侦查的成功案例。③会议日志自动记录。应用说话人识别技术就可以判断在某一时刻说话的人是谁,这样就使得会议日志的自动记录成为了可能。

近年来说话人识别技术发展十分迅速,这要归因于计算机和数字音频数据采集、储存和处理技术的快速发展。由于移动设备和嵌入式系统的出现,说话人识别的应用前景更为广阔。语音输入和控制系统将是未来手持移动设备和嵌入式系统最好的信息交换手段。作为语音识别的关键技术,说话人识别技术的发展就显得更为重要了。

#### 1. 研究进展和挑战

说话人识别技术从实验室环境下的小语料库、受限文本的安静环境到大语料库、不限文本的实用语音识别环境,已经经过了近半个世纪的发展。说话人识别技术的进步可以归结为特征提取技术和识别模型两部分的进步。

在特征提取领域,早期的研究主要是通过语谱图来进行匹配识别,提取的主要是语音的频谱参数,这时候往往通过人工观察的方式进行识别。基音周期[33]及线性预测系数[34]作为主要说话人识别参数得到广泛的应用,但是这些参数易受噪声环境干扰,鲁棒性不强。近年来提出的梅尔频率倒谱系数(Mel Frequency Cepstral Coefficients,MFCC)符合人耳对声音的感知原理,由于可以在倒谱域进行滤波、加权以及应用梅尔频率倒谱的相关理论,MFCC 及其派生参数(一阶差分及二阶差分)成为当前说话人识别研究中的主要特征提取参数[35]。这些参数(包括 MFCC)都是短时参数,近年来随着研究的深入,一些较长时间刻度下的说话人信息被用于说话人识别,如说话人的语速等,但这方面的研究还有待继续发展。

说话人识别的另一个重要问题是如何匹配训练样本及测试样本,即建立识别模型的问题。其研究方法从 20 世纪 50—60 年代早期不考虑特征分布，直接匹配语音频谱模版的方法，到 70 年代后期以动态时间规整（Dynamic Time Wraping，DTW）为代表的动态规划和以矢量量化（Vector Quantization，VQ）[36]为代表的聚类算法应用较多，再到 80 年代左右，人工神经网络和隐马尔可夫模型（Hidden Markov Model，HMM）在语音识别中得到大规模的应用，语音识别技术取得了长足的发展。其中，隐马尔可夫模型在语音识别的各个领域得到广泛的应用，在说话人识别领域，已经成为文本相关的识别建模方法的最佳选择。90 年代以来，高斯混合模型（Gaussian Mixed Model，GMM）[37]由于具有灵活、高效和稳定性的特点，已成为说话人识别技术应用中的主流方法。

在说话人识别技术中，因声音采集设备不同、应用的声学场景不同（如室内环境）导致识别效果显著下降的问题引起了广泛关注，这种情况称为通道失配[38]。通道失配的主要原因是不同声音采集介质通道效应的影响，因此人们提出很多方法控制通道效应。一种简单的被称为逆滤波（Inverse filter）的方法是将通道效应归结为乘积性噪声，并在频谱上用相除的方法去除通道噪声，但是这种方法在高频并没有取得理想的效果。其他基于滤波原理的方法还包括同态滤波等，但是这些方法在说话人识别领域应用较少。另一类基于对说话人识别特征改进的方法较受欢迎。它将 MFCC 参数通过差分运算得到一阶差分系数和二阶差分系数，这被认为具有较好的通道抑制效果。基于时间轨迹的相对谱滤波（Relative Spectral，RASTA）和倒谱均值规整（Cepstral Mean Normalization，CMN）[39-40]也有广泛的应用。

目前，说话人识别研究的主要方向集中在多通道电话声的识别领域，其代表就是从 1996 年开始至今的美国国家标准及技术署（National Institute of Standard and Technology，NIST）一直举办的说话人识别测评（Speaker Recognition Evaluation，SRE），也是最具影响力的说话人识别系统权威的测评系统，代表了当今与文本无关的说话人识别系统设计的最高水平。NIST 举办的说话人识别测评的语料库基本都是用各种通道采集的手机或电话的语音，在参与其比赛的各个研究机构和大学实验室中，近年来大多数表现优秀的方法都是基于 MFCC 特征和 GMM 及其改进模型，如 GMM - UBM、因子分析和子空间分析等方法。

## 2. 声学参数与室内说话人识别

在实际环境下,噪声影响成为了说话人识别必须要考虑的重要问题,而室内环境作为一种典型的说话人识别的应用场景越来越受到人们的关注。由于室内通道效应的存在,传统的说话人识别方法在实际的室内环境中性能普遍下降,这使得如何提高室内说话人识别的效果成为说话人识别领域的一个新挑战。

室内通道效应的产生是因为在室内环境中,声信号在声源激励后,由于房间墙壁、地面、天花板和其他反射体及吸声体的存在,传播过程中会发生吸收、反射、散射、透射及衍射等效应,接收点实际接收到的信号可以描述为原始信号通过多径传播后的和。一方面,这些信号需要较长时间进行衰减,另一方面,由于宽频的信号与房间作用形成驻波,导致房间对信号的某些频率具有加强作用,并用房间传输函数描述这种效应。一种普遍的认识是,由于吸声材料往往在高频处有较大的吸声系数,这样就导致房间起到了低通滤波的作用。由于室内环境的复杂性,如何描述室内声学参数与识别系统识别性能的关系也是本书研究的内容之一。

Pierre J. Castellano 等人详细研究了房间不同位置对室内说话人识别系统性能的影响。结果表明,同一房间不同位置的系统性能也存在差异[41]。Noam R. Shabtai 等人研究了说话人识别系统和不同房间参数的关系,还比较了部分混响抑制算法对系统性能的改善作用随房间参数的变化。他们的研究表明,同一混响时间的房间识别率也可能有显著差异。这些研究表明,影响室内说话人识别系统性能的因素是很复杂的[42]。

混响时间是室内声学中使用最为广泛的参数,代表了室内声学的统计学特性。混响时间可分为 $T_{60}$、$T_{30}$ 以及 $T_{20}$ 等,$T_{60}$ 是最早提出用于描述房间声衰减速率的参量。Sabine 等人提出了使用室内平均吸声系数估计混响时间的方法,将混响时间和室内的声学环境联系了起来,成为最早也是应用最为广泛的混响时间估计方法。由于测量技术的发展,在房间中测量混响时间越来越容易,伪随机序列和其他扫频信号的出现,使得在房间中测量混响时间的试验重复性越来越好。Schroder 于 1965 年提出脉冲反向积分法,使混响时间的测量精度进一步提高。该方法较传统的声源截断法精度有明显提升,与传统的声源截断法于 2009 年一起被写入 ISO 3382,成为国际标准化组织推荐的两种混响时间测量方法之一。由于混响时间的研究较为成熟,很多室内说话人识别系统研究抑制混响算法时,往往将混响时间作为主要的房间参数,用于估计房间对信号的影响。

然而混响时间只是基于统计方法提出的房间参量,室内声学中统计方法一般适用于对中高频的评价,而且房间中声能在不同时间的衰减速率是不同的。仅仅使用混响时间来描述房间声学特性是不完全的。为了准确地描述室内的声学性质,需要寻找含有更多房间信息的参量。从信号的角度上看,可将房间看作一个线性时不变的系统,这样就可以通过房间脉冲响应来描述。另外,脉冲反向积分法就是以房间脉冲响应为基础,通过计算房间的能量衰减曲线估计混响时间。根据 ISO 3382 的定义,多种室内声学参数均可通过房间脉冲响应由积分运算方便地获得。这就说明房间脉冲响应包含了这些传统室内声学参数的信息,较传统的混响时间等更能反映房间的声学特性,因此本书通过研究房间脉冲响应,将其应用在房间通道效应的抑制中,以提高室内说话人识别系统的性能。

室内环境对声信号的影响可以归结为室内通道效应引起的信号采集通道失配的问题。室内环境又称为室内混响环境,严格地说,室内通道效应包括多种效果,混响只是室内通道效应的一部分。本书认为,混响依然是室内通道效应的主要表现形式,因此并不严格区分混响和室内通道效应。

3. 混响抑制方法

室内语音识别(包括说话人识别)是目前语音识别领域的热点问题,国内外很多研究人员对此都有深入的研究,并产生了很多成果。例如,Qin Jin 等人提出了一种谱减和特征规整结合的方法[43];栗学丽等人提出了一种滤波规整和倒谱均值减(Cepstral Mean Subtraction,CMS)相结合的方法[44]。现有算法主要分为以下两类。

(1)特征级的处理方法。研究者常常认为室内噪声是一种通道噪声,并用线性时不变系统表述房间的通道效应,以此为基础借鉴处理信号采集装置通道噪声的方法提出将 CMN、CMS 及 RASTA 等用于室内噪声的处理。这些处理都取得了一定的效果,但并没有完全解决室内通道噪声干扰的问题。实际室内环境中的噪声是很复杂的。文献[41]详细介绍了自动说话人识别系统在室内环境中的识别效果下降的问题,同时研究了房间不同位置对说话人识别的影响,指出同一个房间不同位置处语音信号有着明显的差异,这说明室内说话人识别的效果与位置有关。文献进一步说明了不同位置的识别效果不同,还将其与CMN结合起来,考虑到了房间脉冲响应长度大于语音帧的长度,提出了长短时间窗的CMN方法。尽管这些研究在室内说话人识别方面做了一些改进,提出了一些有益的算法,但是由于对室内声信号传播规律的考虑较少,这些方法依然不能准确地描述房间通道效应对声信号的影响。Kellermann等人在长期研究室内声学的基础上,在语音识别领域提出了一种混响模型[45-46](REMOS),用于更为准确地描述房间通道效应对语音参数的影响,取得了较好的效果。还有一些研究者提出了特征形状规整算法,也取得了抑制通道效应影响的效果。

(2)决策级的处理方法。这类方法主要从说话人识别模型修正的角度出发,抑制通道噪声对说话人识别系统的影响,包括最近在NIST比赛中表现良好的GMM-UBM模型、因子分析方法和子空间分析方法等。这些方法从修正GMM模型的角度抑制通道对识别系统的影响,在电话语音说话人识别中有着广泛的应用。

信号级的处理方法在实际的识别系统中较为少见,该类方法与识别系统本身联系并不明显,对识别效果的提升并不如前面两类方法直观。但是该方法贴近识别系统底层,可配合其他方法使用,在一些可听化的应用场景中有较大的发展前景。本书抑制混响算法的研究主要在特征级进行。特征级处理方法是抑制混响算法的主要研究方向,该类方法通过改进特征,使其能够适应不同混响环境,对识别率的提升是很明显的。但RASTA和CMN及其他同态滤波方法由于没有考虑到实际的房间信息,因此不可能产生对所有房间,同一房间不同位置都有较好的适应性。REMOS虽然考虑了房间信息(房间脉冲响应),但是仍然是一种不完善的方法,其本身还有研究开发的空间。决策级融合方法一般需要大量的来自于不同环境的训练样本,对训练样本的要求较高,而对室内环境采集大量声音样本是很困难的。

在考虑房间通道效应对声信号的影响时,仅仅依靠单纯的信号处理方法是难以达到理想效果的,应当结合室内声学和室内噪声传播的相关原理和规律,通过将室内声学的相关结论应用到抑制混响方法中才能达到满意的效果。

### 1.2.4　室内物体识别

物体识别(object recognition)是一个既古老又现代的课题。自古以来,人类对世界的观察就是对各种事物或目标的识别。同时,物体识别又是一门崭新的科技,通过新型的计算机、数学、人工智能等多学科交叉技术,可让机器具有类似于人脑的功能,从而实现对各种事物的识别。在现代社会中,物体识别是一项应用非常广泛的技术,既包括各种智能设备对人们日常生活中不同物体的分类识别,也包括军事领域中针对各种航行器的目标识别,甚至更广泛的人物识别也属于一种广义的物体识别。因此,物体识别在很多学科领域中都得到了持续的研究。

室内环境是人们在生活中接触最多的物体识别应用场景。在此类环境中,一个准确而快速的物体识别方法可为很多先进技术研究及工业应用的展开提供关键基础,例如,涉及公共安全保障的室内不明物体识别、智能家居个性化应用中对不同人物的识别、各种功能机器人对工作任务及行进路线上的物体识别等。

目前,室内环境中的物体识别研究绝大多数集中于计算机视觉领域,即通过各种图像处理算法对不同物体的特征进行归纳及提取,并由此分辨出不同类型的物体。经过多年的高速发展,图像类的物体识别技术已经非常成熟,结合流行的机器学习算法,几乎可以实现对任意物体的准确识别,因此也在很多场合获得了应用,最常见的就是人物识别中用到的人脸识别、指纹识别、虹膜识别等[47]。但是,基于计算机视觉处理的物体识别技术也存在一个明显的短板,就是必须依靠图像的捕捉。当应用场景为室内环境时,会存在有较多障碍物的情况,当摄像设备无法直接获取物体的图像时,物体识别就无法完成。此外,在很多场合中,由于隐私、安全、造价等各种因素的制约,甚至不存在摄像设备,此时物体识别也就无从谈起。

鉴于计算机视觉物体识别技术所存在的问题,非可视类物体识别技术逐渐发展起来,以无线通信技术为基础的方法相继被提出,其中近年来出现的基于 WiFi 信号的物体识别方法就是一种具有代表性的技术。由于现代生活中 WiFi 的使用趋向普及,而且 WiFi 信号具有穿透障碍物的能力,因此 WiFi 信号具有明显的载体优势。目前,国外已成功利用 WiFi 技术实现对多种物体模式的识别,国内也已有研究机构利用 WiFi 实现了对家庭中不同人物的识别。但是,基于 WiFi 信号的物体识别也在技术及应用层面存在明显问题。

首先,从技术层面来说,基于 WiFi 的物体识别分析手段较为单一,均普遍利用信道状态信息(Channel Station Information,CSI)的时域波形差异性实现识别。因此,为了得到丰富的波形变化信息,通常要求被识别物体具有一定的运动特征,例如人物识别实际上是通过步态特征实现的,这样,就会导致对于完全静止物体或运动特征不规律物体的识别精度较差。其次,从应用层面来说,由于日常生活中 WiFi 信号源过多,常常会造成接收干扰,导致噪声过大,从而影响识别精度,而且 WiFi 信号的安全性也是实际应用中需要慎重考虑的因素。

在声学领域,物体识别技术也获得了很多关注。目前,基于声学技术的物体识别主要针对可以发声的有源物体,即通过对物体所发出的声信号进行处理分析来实现识别,典型技术为语音识别技术、水下目标识别技术等,应用领域为说话人识别、航行器目标识别等。但是,当物体不具备发声特性时,这种传统识别手段不再适用。对于本书所涉及的室内环境,传统声学识别技术也面临一些应用问题:首先,室内环境具有声波的多途传播效应,混响较大,而传统识别技术,例如语音识别中的去混响问题仍是技术难点;其次,从安全角度考虑,当室内环境有外来人员或物体时,不存在有发声的条件,此时传统识别技术无法发挥作用。

实际上,由于声波同样具有穿越障碍物的能力,因此也具备在室内环境中对无源物体进行识别的潜力。本书拟发展一种新型"声场式"无源物体识别方法,与其他识别方法不同,无源物体识别是在物体没有任何发声的情况下,利用房间脉冲响应的精细分析实现对混响环境中无源物体的准确识别[48-49]。在研究中,对于不同类型的空间,利用实测方法得到不同类型物体存在条件下的房间声学脉冲响应,根据其建立高效的物体识别方法,并对识别方法进行性能分析。

# 1.3　本书架构

本书总体架构如表 1.1 所示。

第 1 章总体介绍室内声学问题及主要特点,阐明本书所关注的室内声学问题的类型,并全面给出了本书所涉及声学问题的发展历程。

第 2 章为本书的基本理论部分。给出了室内声学的基本理论知识,重点介绍了房间脉冲响应的概念及其获取方法。

第 3 章介绍了基于时间反转理论的室内声源定位方法。详细给出了该技术的理论框架、实现流程，并通过大量试验分析了该技术的适用范围及其受到的影响因素。

表 1.1 本书架构

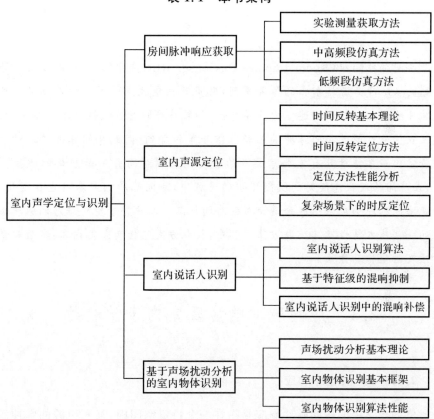

第 4 章介绍了室内说话人识别技术。从混响抑制与混响补偿两方面重点介绍了在室内说话人识别中去除混响影响的方法，并通过实例介绍了该技术的适用性。

第 5 章介绍了一种前沿的室内声学与模式识别交叉的研究内容——室内无源物体的识别技术。该技术利用室内声场的扰动性特点实现对物体改变的感知，本书从理论、实现、案例等几方面进行了介绍。

第 6 章对全书内容进行总结，并展望了本书所涉及的声学定位与识别的未来发展方向。

# 第 2 章　房间脉冲响应及其获取

　　房间脉冲响应（Room Impulse Response，RIR）是指房间内由接收点接收到的从脉冲声源辐射出的信号序列，即声源到接收点的通道响应函数。房间脉冲响应可以详细描述室内声学特性，如果将房间看作线性时不变系统，则接收点信号可通过房间脉冲响应和源信号卷积得到，因此房间脉冲响应对于评价室内声学特性具有重要意义。尽管研究表明房间并不是严格的线性系统，在房间物理状态随时间缓慢变化的过程中，房间脉冲响应本身也在变化，但是房间脉冲响应依然包含着大量的房间信息。本章将着重介绍房间脉冲响应的一些基本特性及其获取方法。其中，获取方式包括两大类内容：试验测量方法及数值仿真方法。

## 2.1　房间脉冲响应及室内声学参数

### 2.1.1　房间脉冲响应

　　室内声学中的房间脉冲响应是指在一个特定空间内，某一声源的脉冲激励下，接收点所得到的响应。如果把声源至接收点之间的系统看作一个线性系统，就可以由该系统的通道特性来了解这个封闭空间的这些声学信息，并可根据线性系统理论由声源信号求输出信号。事实上，由于室内声场内的声能密度、声压等参数都满足齐次性和叠加性，封闭空间、声源、声传播方式及接收器所构成的整体完全可以当作一个线性系统来处理。如图 2.1 所示。

　　这一系统的通道特性用声源至接收点的传递函数（Transfer Function，TF）来描述，在时域则可用脉冲响应函数（Impulse Response，IR）来描述。所谓房间脉冲响应,指的是输入声音信号、声学环境、输出的重造可听声信号三者所构或的系统的脉冲响应函数。具体而言,它表示的是整个声学环境中声能量随时间的变化情况,它的计算速度、精度直接反映整个系统的速度与精度。根据线性系统理论,接收点的信号可由式(2.1)求得:

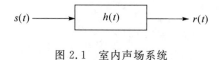

图 2.1　室内声场系统

$$r(t) = s(t) * h(t) \qquad (2.1)$$

式中　$s(t)$——声源信号;

　　　$h(t)$——房间脉冲响应;

　　　$*$——卷积处理。

由式(2.1)可知,当声源信号已知时,只要得到室内声场系统的脉冲响应或传递函数,就可以很方便地求得接收点的信号。反之,若在系统中已知声源信号及接收点信号,就可以通过解卷积求得房间脉冲响应。

### 2.1.2　室内声学参数

室内声学参数是评价声场的关键因素,人们根据不同的应用场合或描述的侧重点,提出了一系列参数,大致可分为三类:时间参数,能量参数和空间参数。时间参数主要度量声场内能量变化过程中的关键时间节点,包括混响时间、早期衰减时间等;能量参数主要度量声场中在特定时间范围内的能量积累状况或不同时间范围内的能量对比情况,包括声压级、明晰度等;空间参数主要度量声场中能量随空间位置变化而变化的情况,包括早期侧向反射声能比等。这些参数描述了一个室内声场的基本特性,也基本上都可以由房间脉冲响应求得。限于篇幅,本书不对所有参数进行具体介绍,仅给出几种具有代表性的参数及其计算方法。这些参数本质上都是以房间脉冲响应作为基础参数而求得的。在实际应用中,读者可根据应用场景选择合适的参数完成任务。

#### 1. 混响时间

封闭空间中从声源发出的声能量,在传播过程中由于不断被壁面吸收而逐渐衰减,声波在各个方向来回反射,而又逐渐衰减的现象称为封闭空间内的混响。用混响时间这个量来描述室内声音衰减快慢的过程。在物理上,它定义为在扩散声场中,当声源停止后从初始的声压级降低 60 dB(相当于平均声能密度降为 $1/10^6$)所需的时间,用符号 $T_{60}$ 来表示。根据上述定义,可以得到混响时间的计算公式

$$T_{60} = 0.161 \frac{V}{-S \ln(1-\bar{\alpha})} \tag{2.2}$$

式中　　$V$—— 封闭空间体积;

$S$—— 房间内的表面积;

$\bar{\alpha}$—— 空间的平均吸声系数。

式(2.2)称为赛宾公式,赛宾公式是一个求解混响时间的经验公式,只能对混响时间进行估算。若想得到更为准确的混响时间数据,应严格根据其定义利用能量衰减曲线进行计算。得到能量衰减曲线通常有两种方法:声源中断法和脉冲响应积分法。声源中断法是直接测量声压级的衰变曲线,计算出混响时间。这种方法一般需要重复测量多次,因为声衰减过程不可避免会产生瞬时起伏。脉冲响应积分法只需要一次测量即可获得能量衰减曲线,因为积分与群体平均是等效的。其思路为,先测量声场的脉冲响应,然后根据积分求解能量衰减曲线,再根据声能衰减斜率计算混响时间。声能衰减曲线的求解公式为

$$E(t) = \int_t^\infty p^2(t) \mathrm{d}t \tag{2.3}$$

式中　　$p(t)$—— 测量得到的声压脉冲响应函数。

混响时间的长短是判断封闭声学结构,特别是大型建筑内音质特点的一个重要依据。混响时间适宜的建筑内,一般认为声音有混响感,丰满而有力。如果混响时间过长,给人的感觉是回声很强,声音的清晰度会受到影响;混响时间过短,则使声音显得干涩、不饱满。因此,对于不同功能的声学结构,在设计时应当选择最符合其功能需要的混响时间。大多数情况下,最佳混响时间的取值范围是 $0.03 \sim 5$ s。

混响时间在音质评价中的作用无疑是非常重要的,但是许多建筑声学研究者发现,当不同的建筑具有相同的混响时间时,或者同一声场中位置不同时

（混响时间相近），音质的听感也往往存在很大的差异，这表明混响时间并不能反映封闭声场内与音质有关的全部物理特性。后来，一些类似指标陆续被提出，包括早期衰减时间 EDT（Early Decay Time）和混响时间 $ET_{10}$，$ET_{20}$，$ET_{30}$ 等，计算方式如图 2.2 所示。

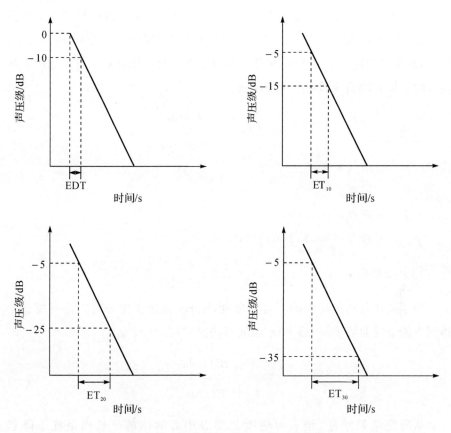

图 2.2　EDT，$ET_{10}$，$ET_{20}$，$ET_{30}$ 示意图

如图 2.2 所示，0 dB 表示声压级衰减曲线的初始声压级与实际无关。声压级从 0 dB 衰减到 −10 dB 所用时间记为 EDT，从 −5 dB 衰减到 −15 dB 所用时间记为 $ET_{10}$，从 −5 dB 衰减到 −25 dB 所用时间记为 $ET_{20}$，从 −5 dB 衰减到 −35 dB 所用时间记为 $ET_{30}$。如果能量衰减曲线的线性程度较好，各混响时间应有如下关系：

$$T_{60} \approx T_{10}(=\text{ET}_{10} \times 6) \approx T_{20}(=\text{ET}_{20} \times 3)$$
$$\approx T_{30}(=\text{ET}_{30} \times 2) \tag{2.4}$$

2. 声压级

声压级从声压分布的角度直接反映声场的特性，通过该参数可以了解声场内各点的声压大小和均匀程度。它与主观上对响度的感觉是对应的。在实际中，通常基于统计声学理论，采用声压叠加法计算声压分布。当得到用声强表示的能量衰减曲线即可求解声压级：

$$\text{SPL} = 10\lg\left(\frac{\int_0^\infty \rho c I(t)\,\mathrm{d}t}{p_{\text{ref}}^2}\right) \tag{2.5}$$

式中　　$\rho$——空气密度；

$c$——声速；

$I$——声强；

$p_{\text{ref}}$——参考声压，为 $2 \times 10^{-5}$ Pa。

3. 中心时间

为了描述封闭声场内的语言可懂度，Kürer 提出了中心时间这一概念。得到声能衰减曲线 $E(t)$ 后，中心时间可按照式（2.6）计算：

$$T_s = \frac{\int_0^\infty t E(t)\,\mathrm{d}t}{\int_0^\infty E(t)\,\mathrm{d}t} \tag{2.6}$$

从研究结果来看，语言可懂度是随着中心时间的延长而呈现下降趋势的。

4. 清晰度和明晰度

（1）清晰度。对于一般的建筑，特别是语言类用途的建筑，声音的清晰度是非常关键的，与之相关的客观指标包括音节清晰度、语言传输指数、清晰度和明晰度等，其中，应用比较普遍的是清晰度和明晰度两个指标。这两个指标主要用于描述封闭声场内反射声的重要成分（也包括直达声）与其他反射声之间的关系。通常,这些重要成分是指 50 ms 或 80 ms 以内的反射声。

清晰度的概念是由 Thiele 提出的,定义为

$$D = 100\% \times \left[ \frac{\int_0^{50} E(t)\,\mathrm{d}t}{\int_0^{\infty} E(t)\,\mathrm{d}t} \right] \tag{2.7}$$

式中　$E(t)$ —— 能量衰减曲线。

这一指标的含义是要用一个类似于"级"的定义方式,将前 50 ms 内的反射能量、直达声与其余时间内的能量进行比较。Bore 研究了该指标与语言可懂度之间的关系,得出的结论是:二者之间确实存在明显的相关性($D$ 越大,对可懂度越有利)。

(2)明晰度。为了评价声场中的早后期声能的比较关系,Reichardt 等人在 1973 年引入了一个指标 —— 明晰度:

$$C_{t_e} = 10\lg \frac{\int_0^{t_e} E(t)\,\mathrm{d}t}{\int_0^{\infty} E(t)\,\mathrm{d}t} \tag{2.8}$$

式中,$t_e = 50$ ms 或 80 ms,前者适于语言声,后者更适合于音乐声。

例如,当 $t_e = 80$ ms 时,反映的是前 80 ms 内的声能与剩余时间内声能的关系。研究表明,$C_{80} = 0$ 就表示主观明晰度感觉是满意的。该指标一般应该在 $-5 \sim 3$ 之间取值。目前,明晰度已被越来越多的研究者接受,特别是在音乐厅和剧院的声学设计与分析中得到了认可。

不难证明,$C_{50}$ 和清晰度 $D_{50}$ 存在着定量的关系,即

$$C_{50} = 10\lg \frac{D_{50}}{1 - D_{50}} \tag{2.9}$$

**5. 声场力度**

声压级等描述能量分布的指标可以较好地反映封闭空间内的声场分布情况,但并不能直接反映声源的特性。为此,人们引入了另一个指标 —— 声场力度 $G$,其定义为

$$G = 10\lg \frac{\int_0^{\infty} p^2(t)\,\mathrm{d}t}{\int_0^{\infty} p_{10\mathrm{m}}^2(t)\,\mathrm{d}t} \tag{2.10}$$

式中　　$p(t)$——某声源在实际空间中某点处的瞬时声压;

　　　　$p_{10m}$——该声源在自由场(消声室)中距 10 m 处测得的瞬时声压。

### 6.早期侧向反射声能比

在对声场空间感的研究中,侧向反射的重要性得到了认同,并用早期侧向反射声能比 LEF 描述,其定义为

$$\text{LEF} = \frac{\int_5^{80} p_L^2(t)\, \mathrm{d}t}{\int_0^{80} p^2(t)\, \mathrm{d}t} \tag{2.11}$$

式中　　$p_L(t)$——用"8"字形麦克风测量的声压级。

Barron 通过研究发现,在 $5 \sim 80$ ms 的范围内,LEF 与入射声能,以及入射声方向与人耳夹角的余弦 $\cos\phi$ 是成比例的。因此就有

$$\text{LEF} = \frac{\int_5^{80} \left[ p(t) \cos\phi \right]^2 \mathrm{d}t}{\int_0^{80} p^2(t)\, \mathrm{d}t} \tag{2.12}$$

## 2.2　房间脉冲响应的获取

房间脉冲响应是室内声学中一个最基础且非常重要的概念,它是一些重要室内声学参数,例如混响时间、中心时间、清晰度、明晰度等参数的计算基础,同时也是本书后文中所介绍的各类声学问题展开研究的基础。因此,获取准确的房间脉冲响应是本书乃至室内声学中的一个基础问题。

获取房间脉冲响应主要包括两种方式。第一种是试验测量方法。试验测量方法具有理论简单、实现简便的特性,根据实际需要可得到准确的房间脉冲响应。但是在实际中,很多情况下无法开展试验测量工作,例如设备条件不允许、测试条件不允许,甚至室内环境尚处于设计阶段,此时就要采用第二种房间脉冲响应获取方式 —— 数值仿真的方式。这类方法包括适用于高频的声线跟踪法、虚声源法等以及适用于低频段的有限元法、边界元法等。本节将对试验测量及数值仿真的方式进行详细介绍。

### 2.2.1　试验方法获取房间脉冲响应

2.1 节已有介绍,声波在传播过程中由于受到媒介及声学结构的吸声、反射、衍射等作用,在声源与接收点之间会形成特定的声学通道,该通道即为房间脉冲响应。假设房间声学通道在一定时间内可视为线性时不变系统,声源激励 $s(t)$ 通过房间脉冲响应为 $h(t)$ 的房间,到达接收点处响应信号为 $r(t)$ 可由式(2.1)求得。根据此定义,在实际测量中,只要知道声源信号并且测得接收点信号,即可利用解卷积算法求得房间脉冲响应。

根据数字信号理论,对于两个采样点数均为 $N$ 的序列,解卷积运算大约分别需要 $N^2$ 次加法运算及乘法运算。在采样点数较多的情况下,解卷积运算计算量会变得非常巨大。为了寻求更为快速的计算方法,通常将式(2.1)左右两端变换到频域,因此卷积运算可变为乘法运算:

$$R(j\omega) = H(j\omega) S(j\omega) \tag{2.13}$$

式中　　$R(j\omega)$、$H(j\omega)$、$S(j\omega)$ —— 响应信号、房间脉冲响应与激励信号的傅里叶变换。

进行此变换后,可以利用两次 FFT 运算和一次 IFFT 运算完成解卷积的快速运算。根据式(2.13),房间脉冲响应的频率响应可表示为

$$H(j\omega) = \frac{R(j\omega)}{S(j\omega)} \tag{2.14}$$

最终,房间脉冲响应 $h(t)$ 可由 $H(j\omega)$ 的傅里叶逆变换得到。利用上述方式计算房间脉冲响应的方法也称为逆滤波法。

在房间脉冲响应的测量过程中,声源信号是一个影响测量质量的重要因素。理想的情况是可以发出一个脉冲声源信号,但在实际中理想的脉冲信号是不存在的,因此常用发令枪、刺破气球、电火花等瞬间发出的声音来近似,这类方法称为自然声源测量法。

1. 发令枪

发令枪在 $1 \sim 2$ kHz 频率区间时的输出能量最大。小于 1 kHz 时,能量衰减相当快,$-14$ dB/倍频程,频谱特性不适合实际应用。此外,爆破声无方向性,传播速度在各个方向不同,不能重复进行实验。

## 2.刺破气球

把气球充气到一定大小后戳破时会瞬间发出相当强的破裂声。同样地,气球破裂的声信号也不能重复,它与气球的压力、体积及戳破方式有关,所得声信号的带宽、强度及持续时间等都不稳定,难以控制。所以气球破裂的脉冲声和理想 $\delta$ 脉冲信号差距相当大,只适用于混响较大的房间的粗略测量。

## 3.电火花

通过电容充、放电而操纵气隙两端的电压,当电容里的电达到一定的程度时,气隙两端电压将会到达一定的阈值,气隙内空气将被击穿,生出火花放电,产生脉冲声;等到电容里存储的电荷释放完以后,重新开始充电。因此,电火花发声过程可以重复进行,虽然可产生间歇性的声脉冲信号,但声脉冲仍很难保证会完全重复。

上述几类自然声源具有结构简单、易于实现的优点,不需要复杂的设备,受限制小,但它们有一个共同的缺点:实验不能重复,所得声信号只看重声压的有效值,导致有用相位信息的丢失。鉴于以上方法的局限性,目前室内房间脉冲响应的测量已经越来越多地采用了数字化的信号源,通过叠加技术及相关分析的处理方法,可弥补上述声源的缺陷,获得更准确细致的测量结果。数字化声源不同,对应 IR 测量方法不同。常用的测量方法主要有白噪声法、调频测量法、周期脉冲法和伪随机噪声法。

## 4.白噪声法

用白噪声作为声源,可以满足一般的以稳态声场当作基础的测量要求,但也存在声信号不能重复的问题,功率谱也不是真正的平坦。

## 5.调频测量法

调频信号已经在传统的声频测量技术中有所应用。发展至今,调频测量技术已经广泛应用于室内声场的分析研究中。在一次完整的试验中,发射信号的频率随时间由低到高的连续变化,不同的频率的声波不相干,因此,调频信号自相关函数是 $\delta$ 函数。调频测量法还具有失真抑制能力。

**6. 周期脉冲法**

周期脉冲法指系统脉冲响应通过一个短周期脉冲来直接激励系统得到。激励脉冲能量低,所以该方法具有很低的抑制噪声能力。由于系统瞬态响应的特性的制约,很难在时域产生足够尖锐的脉冲。

**7. 伪随机噪声法**

伪随机噪声是按照某种特定的规则而生成的数列 $[a_1, a_2, \cdots, a_n]$,其中的各个元素都不相同,且在 $0 \sim 1$ 的区间内杂乱分布。其特点与优点为,保留了随机噪声的统计特性,又可重复实现,因此原则上来说相同的实验过程可以再现。

目前,在声学工程界已有专门应用于房间脉冲响应测量的商用软件——DIRAC。该软件核心算法即为前文中介绍的逆滤波法,通过搭配相应的硬件设备,可快速完成房间脉冲响应的测量。本书中,当需要使用实验测量的方式获得房间脉冲响应时,均采用该软件完成,其测量界面如图 2.3 所示。

图 2.3 DIRAC 测量界面示意图

### 2.2.2　声线跟踪法获取房间脉冲响应

基本声线跟踪算法包括四个环节:房间模型的建立、声源、壁面、声接收。在经典算法中,这些环节都被理想化,如反射只考虑镜面反射,不考虑空气吸收问题等。在经典算法的基础上,可以进行改进,使其适用于复杂条件。

1. 房间模型的建立

在利用数字式声场模拟方法建模时,第一个也是十分重要的工作就是对房间进行建模,房间模型的精确度直接影响了后面建模结果的正确程度,对于某些复杂的封闭空间,有时要模拟几百个面,因此对房间建模是一项很繁重的工作。为便于计算机模拟,需要对声场空间进行如下假设:

(1) 空间的各个壁面可看作是平面(曲面可等效为若干平面);

(2) 空间各壁面对声波的影响用吸声系数和散射系数来反映;

(3) 空间中的吸声因素只考虑空气、墙壁以及障碍物的吸声。

在这些假设的基础上,就可以利用数学知识构造空间的计算机模型。

2. 声源模拟

声源在声线跟踪算法中主要涉及发出声线的能量、方向、数量问题。

(1) 声线能量。根据声线跟踪理论,点声源辐射的声能可认为是由大量向四周传播的声线携带。如果声源功率级为 $L_{w0}$,则每根声线开始时携带的声能为

$$w = 10^{\frac{L_{w0}}{10}} \times 10^{-12} \quad (2.15)$$

(2) 声线方向。任意一根初始声线的方向可按下面方法确定:将以声源为球心的单位球体沿 $z$ 轴等间隔取 $N$ 个圆环,在第 $i$ 个圆环上有 $m_i$ 个等间距的点,如图 2.4 所示(仅第一卦限)。

图中, $\theta_i$ 表示俯仰角, $\varphi_{i,j}$ 表示方位角。当两个相邻圆环之间的

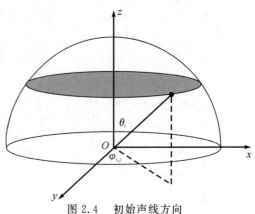

图 2.4　初始声线方向

弧长与其中某个圆环上两个相邻点之间的弧长相等时,可近似认为这些点均匀分布在球体上。由此可以推出以下关系:

$$m_i = n \sin^2 \theta_i \tag{2.16}$$

式中,$n$ 为一个任意定义的值。$n$ 越大,这些点的空间分布趋于均匀。当 $n$ 取一个较大的值时,位于坐标原点的声源与这些点的连线就可以作为初始声线,也就是说,这些点处的单位矢量的方向就是初始声线的方向。这样,任意一根初始声线的方向可表示为

$$\boldsymbol{V}_{i,j} = (\sin\theta_i \cos\varphi_{i,j}, \sin\theta_i \sin\varphi_{i,j}, \cos\theta_i) \tag{2.17}$$

如果初始声线分布于全部 $4\pi$ 空间角内,则有

$$\left. \begin{aligned} \theta_i &= \frac{2\pi i}{n}, \quad i = 1, 2, 3, \cdots, n \\ \varphi_{i,j} &= \frac{2\pi j}{m_i}, \quad j = 1, 2, 3, \cdots, m_i \end{aligned} \right\} \tag{2.18}$$

于是,任意初始声线的方程可以表示为

$$\frac{x - x_0}{\alpha} = \frac{y - y_0}{\beta} = \frac{z - z_0}{\gamma} = t \tag{2.19}$$

式中　$(x_0, y_0, z_0)$——声源坐标;

　　　　$t$——常数;

　　　　$\alpha, \beta, \gamma$——$\boldsymbol{V}_{i,j}$ 的三个分量。

(3) 初始声线的数目。在定义初始声线的方向时,将以声源为球心的单位球体沿 $z$ 轴等间隔取了 $N$ 个圆环,每个圆环可分为 $m$ 份,那么初始声线的数目就是 $N \times m$ 根。$N$ 和 $m$ 的值取得越大,声线的数目就越多。但是在程序运算过程中可以发现,声线的数目越多,声线在封闭空间内的分布就越均匀,这时可以更全面地来描述封闭空间各个位置的声学特性。然而,声线数目并不是越大越好。如果声线数目过大,会延长计算时间,对建模精度没有什么贡献,从而降低了效率。因此,当声线数目达到一定程度时,如果已经可以满足结果精度上的需要,声线数目就不必再提高了。

### 3. 壁面

声线在传播过程中会与壁面发生碰撞,其能量会被壁面吸收一部分,吸收的能量的大小由壁面的吸声系数决定,然后声线会继续向新的方向传播。在

这个过程中需要求出声线与壁面的交点,确定声线反射方向。

(1)能量的吸收。在声线跟踪基本算法里,声线与壁面碰撞时能量会被吸收一部分,如果壁面的吸声系数为 $a$,那么声线的能量经过碰撞后会变为原来的 $1-a$ 倍。

(2)确定声线与壁面的交点。声线在传播过程中实际情况是只在封闭空间范围内的,但这个过程用数学来反映就会发生声线与壁面的延长面相交的情况,如图 2.5 所示。因此,程序的运算过程是首先求出声线与所有壁面的交点,然后确定唯一碰撞点。

1)求声线与所有壁面的交点。若封闭空间的各个壁面为平面,用方程来表示,即

$$ax + by + cz + d = 0 \qquad (2.20)$$

若封闭空间存在曲面,则首先需要把曲面简化为若干个平面并用式(2.20)来表示,平面的数量越多,越接近曲面,计算也就越精确。

联立式(2.15)和式(2.16)可求得 $t$ 值。若 $a\alpha + b\beta + c\gamma = 0$,则声线与壁面平行,若 $a\alpha + b\beta + c\gamma \neq 0$,则有

$$t = -\frac{ax_1 + by_1 + cz_1 + d}{a\alpha + b\beta + c\gamma} \qquad (2.21)$$

所以交点坐标为

$$\left. \begin{array}{l} x = x_1 + \alpha t \\ y = y_1 + \beta t \\ z = z_1 + \gamma t \end{array} \right\} \qquad (2.22)$$

2)确定唯一碰撞点。一根声线可能与空间的各个壁面所处的平面都存在交点,如图 2.5 所示。但在实际的传播过程中,一根声线与一个壁面的碰撞点应该只有一个,为了确定该点,可以分为以下两步:

第一步:确定与该声线相交的平面。该平面应该满足两个必要条件,即对应的 $t > 0$,且交点离声线出发点的距离最近。对于矩形空间,满足这两个条件即可判定交点是碰撞点。对于更复杂的空间则还需要进行下面的第二步。

第二步:判断交点是否在实际壁面范围以内。这时需利用点的包含性法则。本书采用夹角和检验法。

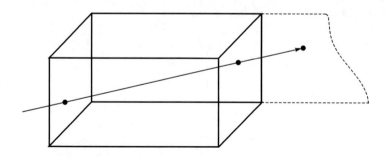

图 2.5　声线与各个壁面所在平面均存在交点

如图 2.6 所示,令 $\alpha_1 = \angle APB$,$\alpha_2 = \angle BPC$,$\alpha_3 = \angle CPD$,$\alpha_4 = \angle DPA$,这些夹角的大小可利用余弦定理计算:

$$\cos\alpha_i = \frac{邻边_1^2 + 邻边_2^2 - 对边^2}{2 \times 邻边_1 \times 邻边_2}, \quad i = 1,2,3,4 \tag{2.23}$$

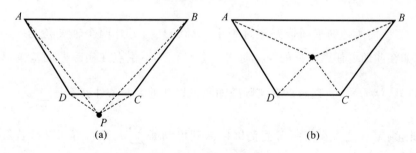

图 2.6　夹角和检验法

(a) 夹角和等于 0；　(b) 夹角和等于 $2\pi$

夹角方向 $D$ 可根据三角形三个顶点的坐标来定义。例如 $\angle APB$ 的方向定义为

$$D = \begin{vmatrix} x_A - x_P & x_B - x_P & 1 \\ y_A - y_P & y_B - y_P & 1 \\ z_A - z_P & z_B - z_P & 1 \end{vmatrix} \tag{2.24}$$

若 $D < 0$,为顺时针方向,反之,为逆时针方向。可以令逆时针方向为正,如果 $\sum_{i=1}^{n} \alpha_i = 2\pi$,则判定 $P$ 在多边形内;如果 $\sum_{i=1}^{n} \alpha_i = 0$,则判定 $P$ 在多边形外。

需要注意一种特殊情况,如图 2.7 所示。

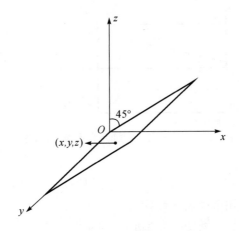

图 2.7　特殊位置的壁面

　　当壁面所处的平面恰好穿过一个坐标轴且与另外两个轴夹角为 45° 时 (例如在此面上任意点处的 $y$ 坐标等于 $z$ 坐标),不论点在实际壁面范围以内或以外,$D$ 都为 0。这时点在实际壁面范围以外的判断条件就不是 $\sum_{i=1}^{n} \alpha_i = 0$。

因此,判定点是否在实际壁面范围以内就可判断 $\sum_{i=1}^{n} \alpha_i$ 是否等于 $2\pi$,若等于 $2\pi$,则在实际壁面以内,反之,在实际壁面以外。

　　事实上,在编程实现这种方法时,由于采用浮点变量进行运算,所得的夹角和一般并不恰好等于 $2\pi$,这时只需要把结果减去 $2\pi$,绝对值如果小于一个设定的阈值,那么就可以认为夹角和为 $2\pi$。

　　(3) 确定声线反射方向。声线在与壁面碰撞后,能量会被吸收一部分,如果能量没有小于设定的阈值,那么声线会向新的方向继续前进。在声线跟踪基本算法里,声线反射遵循镜面反射原理。求声线反射方向可利用镜像点方法。如图 2.8 所示,首先需要求出声源点 $P$ 关于碰撞壁面的镜像点 $P'$,镜像点与碰撞点之间连线的方向就可以作为碰撞后声线的反射方向,这时碰撞点就作为计算下一次声线反射方向时的声源点。

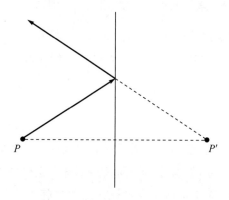

图 2.8　镜像点法求反射方向

### 4. 声 接 收

为了确定哪些声线对接收点有贡献,一般把通过接收点周围一定接收体积内的声线认为到达了该接收点。接收器形状、大小不同,接收到的声线的数量也会有所不同,这直接导致接收过程具有指向特性。

在模拟计算中,为了尽可能减小接收器的方向性,一般选择以接收点为球心的球体作为接收域。球体的体积不同会造成到达球体的声线数目不同。在计算中,不同数量的声线会造成计算结果的不同,以声压级为例,有时会造成结果相差 3 dB。可见,接收球体的大小并不能任意给定。现在接收球体的大小一般由经验公式确定:

$$r = \lg(V) d_{SR} \sqrt{\frac{4}{V}} \tag{2.25}$$

式中　$r$——接收球体半径;

　　　$V$——声场空间的体积;

　　　$d_{SR}$——声源与接收点之间的直线距离。

如果仅仅考虑声线的几何传播过程,理论上持续的时间应该是无限的,但是随着声线的反射次数增多,其能量将越来越小。为了兼顾精度和效率,可以设定一个能量阈值来控制跟踪过程是否结束。如该阈值为 0.001,即表示当声线的能量小于初始能量的 0.1% 时就停止对它的跟踪,转而跟踪下一根声线。在实际的编程中,阈值每减小为原值的 $\frac{1}{10}$ ,则对声线的声功率级跟踪阈值减小 10 dB。比如,初始声功率级为 90 dB,当阈值为 0.1 时,则声压级衰减到 80 dB 时停止跟踪;当阈值为 0.01 时,则声压级衰减到 70 dB 时停止跟踪,以此类推。

**5.多重声散射**

对于那些形状规则、壁面具有强反射能力且内部障碍物少的空间而言,只考虑镜面反射是可行的,但实际的空间大多不符合这样的条件,因此仅仅考虑镜面反射是不够的。对于那些不满足镜面反射规律的声反射,人们给予其新的定义,即散射(scattering)。它特指那些反射方向任意的反射情况[4]。

散射在室内声场中发挥着巨大的作用,大多数情况下,扩散声场是封闭建筑设计所追求的目标。虽然扩散并不见得总是对室内声场的音质产生积极作用,但实际情况表明,许多类型的厅堂应当首先保证使其扩散程度更强,才能达到较好的听闻效果。

扩散声场具有两大特性:均匀性和各向同性。前者要求声场内声能密度均匀分布,显然仅仅依靠镜面反射是难以达到这一点的,因为镜面反射具有很明显的指向性,只有在声场趋于稳态并且在远场才可能符合这一要求;后者要求任意方向的声传播趋势是相同的,这对于那些结构简单、规则的空间而言,是不易做到的,而散射由于具有无规性,恰恰十分有利于声场达到上述两个要求。综观考虑,散射是任何室内声场计算机模型中都必须考虑的现象。

本书采用随机散射模型。随机散射模型是应用最为普遍的一种模型,认为声线在壁面只发生镜面反射和散射,二者的比例取决于两个系数:吸声系数 $a$ 和散射系数 $s$ ,如图 2.9 所示。

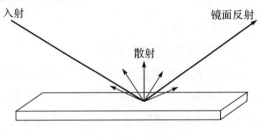

图 2.9　散射模型

随机散射模型的思路：当声线与壁面碰撞时，先由计算机产生一个[0,1]范围内的随机数 $r$。

如果 $r < s$，认为该声线将发生散射，散射声线的能量由壁面的吸声系数决定；散射声线的方向是随机的，其方向余弦为

$$\left.\begin{array}{l} \alpha = \sin\theta\sin\varphi \\ \beta = \sin\theta\cos\varphi \\ \gamma = \cos\theta \end{array}\right\} \tag{2.26}$$

式中　$\theta, \varphi$——仰角和方位角。

令

$$\left.\begin{array}{l} \theta = \arcsin r_1 \\ \varphi = 2\pi r_2 \end{array}\right\} \tag{2.27}$$

式中　$r_1, r_2$——由计算机产生的[0,1]内的两个相互独立的随机数。

如果 $r > s$，认为声线发生镜面反射，声线的反射方向和能量与声线跟踪基本算法相同。

此处需要注意的是，当声线发生散射时，由于声线的反射方向是随机的，那么就有可能发生这样的情况，声线的方向是向房间外部发射的，如图 2.10 所示。

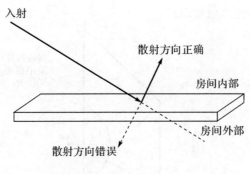

图 2.10　散射方向

判断散射方向是否指向房间内部的方法是在声线反射之后的方向上取一个离碰撞点很近的点，连接此点与声源点，连线会与壁面有一个交点，若此交点在刚才的两点之间，则说明散射方向指向房间外部；若交点在两点连线的延长线上，则说明散射方向指向房间内部。当散射方向指向房间外部时，只需将

这时声线的方向向量取反就可以了。

### 6. 室内声障碍物

不少关于室内声场模拟的研究以空房间为对象,但在实际的厅堂、厂房中,总会或多或少存在一些障碍物。有些情况下,还可能人为地布置一些散射体或隔声体以满足特定的声学需求。这时,声场的分析难度要比空房间情况大得多。实际上,镜面反射、散射等多种声学现象不仅在室内声场中同时存在,它们所占的比例除了与空间结构有关外,还受障碍物的形状、位置、数量等因素影响。由此可见,声障碍物的模拟在室内声场模拟中占有十分重要的地位。

在声线跟踪算法中,障碍物的处理方法与壁面类似,即把障碍物的形状用面来表示,若有曲面,可按情况模拟为几个平面。此处要注意的情况是,障碍物的两个表面均可吸声,而壁面只有内表面可以吸声。另外,如图 2.11 所示,当接收点距离障碍面较近时,会发生一种特殊情况,即声线穿过了接收球体,但是在障碍面的另一面穿过,因此在统计穿过接收球体的声线时,这类声线不能算在内。

当房间界面多且声障碍物也较多时,情况尤为复杂,需要准确计算声线与障碍物的关系,避免出现错误。

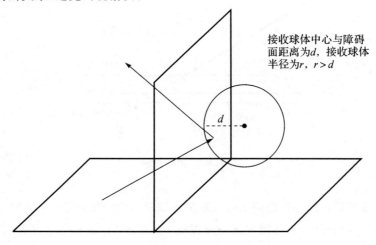

接收球体中心与障碍面距离为$d$,接收球体半径为$r$,$r > d$

图 2.11　有障碍面时声源位置的特殊情况

当障碍物的形状较为复杂时,若尺度较大,可按照模拟房间界面的方法来模拟该障碍物;若尺度较小,则可以将障碍物简化为规则形状(如球体)来模拟。

### 7. 声在空气中的衰减

室内声场中的吸声因素除了壁面吸声外,还有空气吸声。根据几何声学原理,声线在到达壁面前沿直线传播,所以这期间的传播衰减主要取决于空气吸声。这种吸收作用的大小主要取决于空气的相对湿度和声波的频率。在常温下,湿度越大,空气吸声影响越小;而声波频率越高,吸收作用越明显。

对于小尺度的封闭空间,由于传播距离短,且更受关注的是低频段,所以空气吸收部分可以忽略不计;但对于大尺度空间,这部分则应该加以考虑。

空气对于声波的吸收在声线跟踪算法中主要体现在声线传播的距离方面。当一个声线经过接收区域后,记录下它的传播时间,那么用时间乘以声速,就可以得到声线传播的距离。声强就是随着距离的增大而指数性减小,即

$$I = I_0 e^{-ax} \tag{2.28}$$

式中　　$\alpha$——声强吸收系数;

　　　　$x$——声线传播的距离。

经过上述过程,即可利用声线跟踪法实现对室内声场的模拟,并进而求得房间脉冲响应。利用声线跟踪法对声场进行仿真的过程总结如图 2.12 所示。

### 2.2.3　波动无网格法获取房间脉冲响应

上述声线跟踪法以几何声学为理论基础,只适用于中高频或大尺度空间的情况。在人们日常生活中,小型的舱室空间也是经常遇到的情况,例如飞机、汽车舱室等内部的声场,声振耦合问题突出,且低频效应显著,要想获得比较精确的解,必须依赖波动声学理论,故而基于波动声学的声场数值仿真也是声场数值预测的一个重要研究分支。目前大部分关于小尺度封闭空间声场数值计算的研究都集中于有限元、边界元等方法。不过,有限元法、边界元法等方法有其固有的弱点,即其依赖于一个预先定义的通过节点连接在一起的网格或单元信息,这会导致一系列的问题。第一,前处理困难,计算之前要生成网格模型,这使得数据准备的工作量大,尤其对于比较复杂的结构模型,容易

出现畸变网格,导致精度受到严重影响;第二,由于这类方法普遍采用低阶多项式作为声压函数插值函数,不可能对较高频率声波传播问题给出很好的近似;第三,计算结果不是光滑连续的,需要进行光顺化后处理。

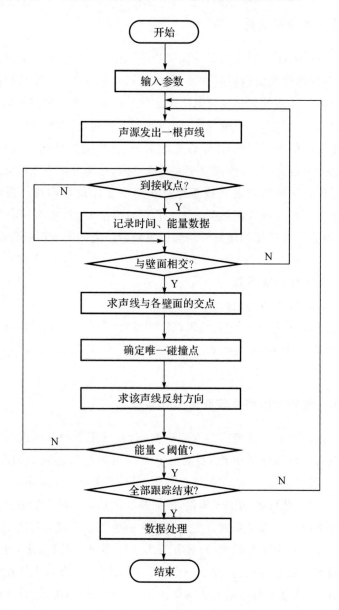

图 2.12　声线跟踪法实现流程

近十几年,在力学领域发展起一种新型数值计算方法 —— 无网格法,所谓无网格法[5],就是用一组节点来离散求解区域,直接借助于离散点来构造形函数,从而能彻底或部分地消除网格的一种数值计算方法。由于摆脱了网格的束缚,无网格法具有一系列良好的特性。第一,由于只需要将模型用节点离散,大大降低了前处理的难度,而且避免了因为网格畸变带来的问题;第二,采用紧支函数的无网格法和有限元法一样具有带状稀疏矩阵的特点,适用于求解大型科学和工程问题;第三,无网格法的自适应很强,在自适应分析中不需要重新划分网格,极易实现自适应分析,若引进小波函数还具有多尺度分析功能;第四,无网格法可以提供连续性好、形式灵活的形函数,从而使计算结果光滑连续,不需要光顺化的后处理。

基于无网格法的诸多优良特性,本书将该方法引入小尺度封闭空间的声场计算,首先推导了无网格声场数值计算模型,然后通过计算室内声场的重要参数 —— 声传递函数及混响时间,分析了该方法的精度和适用性。

## 1. 系统方程的推导

假定在封闭空间内位置 $r$ 处存在一个声源,它在单位时间内向单位体积内的空间提供了 $\rho_0 q(r,t)$ 的媒质质量。根据质量守恒定律,媒质中声波的连续方程可写为

$$\frac{\partial \rho'}{\partial t} + \mathrm{div}(\rho_0 v) = \rho_0 q \tag{2.29}$$

式中　$\rho'$ —— 媒质密度增量;

$\rho_0$ —— 媒质静态密度;

$q$ —— $q(r,t)$ 的简写;

$v$ —— 媒质质点速度;

$t$ —— 时间;

$\mathrm{div}$ —— 散度算子,在三维空间笛卡尔坐标系中,$\mathrm{div} = \frac{\partial}{\partial x} + \frac{\partial}{\partial y} + \frac{\partial}{\partial z}$。

除了连续性方程之外,用来描述媒质声波的基本方程还有两个,它们不受声源的影响,分别为运动方程

$$\rho_0 \frac{\partial v}{\partial t} = -\mathbf{grad}\, p \tag{2.30}$$

和物态方程

$$p = c_0^2 \rho'$$
(2.31)

式中　　$p$——声压；

　　　　$c_0$——声速；

**grad**——梯度算子，在三维空间笛卡尔坐标系中，$\mathbf{grad} = \dfrac{\partial}{\partial x}\boldsymbol{i} + \dfrac{\partial}{\partial y}\boldsymbol{j}$ $+ \dfrac{\partial}{\partial z}\boldsymbol{k}$。

利用与推导无源波动方程相类似的方法，由媒质中声波的三个基本方程可以得到有源情况下封闭空间中有关声压 $p$ 的波动方程：

$$\nabla^2 p - \frac{1}{c_0^2}\frac{\partial^2 p}{\partial t^2} = -\rho_0 \frac{\partial q}{\partial t}$$
(2.32)

式中　　$\nabla^2$——拉普拉斯算子，在三维空间笛卡尔坐标系中，$\nabla^2 = \dfrac{\partial^2}{\partial x^2} + \dfrac{\partial^2}{\partial y^2} +$ $\dfrac{\partial^2}{\partial z^2}$。

当声源作简谐振动时，声源强度 $q(r,t)$ 可以表示为

$$q(r,t) = q_\omega(r)\mathrm{e}^{\mathrm{j}\omega t}$$
(2.33)

式中　　$\omega$——谐振频率；

　　　　$q_\omega(r)$——在位置 $r$ 处频域内的声源强度。

由于通常将封闭空间声场作为线性系统考虑，因此空间内部各点的声压的频率与声源相同，声压可以表示为

$$p(r,t) = p_\omega(r)\mathrm{e}^{\mathrm{j}\omega t}$$
(2.34)

式中　　$p_\omega(r)$——在位置 $r$ 处频域内的声压。

将式(2.33)及式(2.34)代入式(2.32)中，可得到简谐声源激励下的声波波动方程为

$$\nabla^2 p_\omega(r)\mathrm{e}^{\mathrm{j}\omega t} + \left(\frac{\omega}{c_0}\right)^2 p_\omega(r)\mathrm{e}^{\mathrm{j}\omega t} + \mathrm{j}\rho_0 \omega q_\omega(r)\mathrm{e}^{\mathrm{j}\omega t} = 0$$
(2.35)

令式中 $k = \dfrac{\omega}{c_0}$，称其为波数，并且消去 $\mathrm{e}^{\mathrm{j}\omega t}$，即可得到只依赖于空间坐标的那部分方程，即室内有源亥姆霍兹方程：

$$\nabla^2 p_\omega(r) + k^2 p_\omega(r) + \mathrm{j}\rho_0 \omega q_\omega(r) = 0$$
(2.36)

这样就将声压的时域问题转换为频域问题，式(2.36)即为推导无网格法计算

模型的控制方程。

在封闭空间中有两种最常见的边界，即刚性壁面和吸收壁面。如图 2.13 所示，设一封闭空间 $D$，体积为 $V$，内壁总面积为 $S$，其中，$B_1$ 为刚性壁表面、$B_2$ 为吸收壁表面。

则在边界上与有源亥姆霍兹方程对应的边界条件分别如下：

$B_1$ 边界上：

$$\frac{\partial p}{\partial n} = 0 \tag{2.37}$$

$B_2$ 边界上：

$$\frac{\partial p}{\partial n} = -\frac{\mathrm{j}kp}{\zeta} \tag{2.38}$$

式中　$n$——封闭空间壁面外法线方向；

　　　　$\zeta$——比声阻抗，满足

$$\zeta = \frac{Z}{\rho_0 c_0} \tag{2.39}$$

式中　$Z$——界面声阻抗。

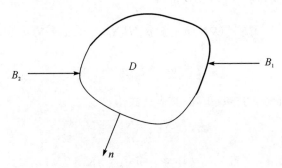

图 2.13　封闭空间示意图

对于加权残量法，设试函数为 $\overline{p}$，代入有源亥姆霍兹方程及其边界条件，将产生残量 $R$ 和 $\overline{R}$，

$$R = \nabla^2 \overline{p} + k^2 \overline{p} + \mathrm{j}\rho_0 \omega q_\omega \tag{2.40}$$

$$\overline{R} = \frac{\partial \overline{p}}{\partial n} + \frac{\mathrm{j}k}{\zeta} \overline{p} \tag{2.41}$$

根据伽辽金法确定权函数，有

$$\int_{\Omega} \overline{p}(\nabla^2 \overline{p} + k^2 \overline{p} + \mathrm{j}\rho_0 \omega q_\omega)\mathrm{d}v - \int_{\Gamma} \overline{p}\left(\frac{\partial \overline{p}}{\partial n} + \frac{\mathrm{j}k}{\zeta}\overline{p}\right)\mathrm{d}s = 0 \qquad (2.42)$$

由格林第一公式

$$\int_{\Omega}(\varphi \nabla^2 \Phi + \nabla\varphi \, \nabla\Phi)\mathrm{d}v = \int_{\Gamma}\varphi \frac{\partial \Phi}{\partial n}\mathrm{d}s \qquad (2.43)$$

式(2.42)可以简化为

$$\int_{\Omega}(\nabla\overline{p} \, \nabla\overline{p} - k^2 \overline{p}\overline{p} - \mathrm{j}\rho_0\omega\overline{p}q_\omega)\mathrm{d}v + \int_{\Gamma}\frac{\mathrm{j}k}{\zeta}\overline{p}\overline{p}\mathrm{d}s = 0 \qquad (2.44)$$

在声场中任意一点的声压可用各节点声压来表示,即

$$\overline{p} = \boldsymbol{N}\boldsymbol{p} = [N_1, N_2, \cdots, N_n]\begin{bmatrix} p_1 \\ p_2 \\ \vdots \\ p_n \end{bmatrix} \qquad (2.45)$$

式中 　$N_i$——节点 $i$ 处的形函数;

　　　$p_i$——节点 $i$ 处的声压。

将式(2.45)代入式(2.44),可得

$$\int_{\Omega}\left[\boldsymbol{p}^{\mathrm{T}}(\nabla\boldsymbol{N})^{\mathrm{T}}(\nabla\boldsymbol{N})\boldsymbol{p} - k^2\boldsymbol{p}^{\mathrm{T}}\boldsymbol{N}^{\mathrm{T}}\boldsymbol{N}\boldsymbol{p} - \mathrm{j}\rho_0\omega\boldsymbol{p}^{\mathrm{T}}\boldsymbol{N}^{\mathrm{T}}q_\omega\right]\mathrm{d}v +$$

$$\int_{\Gamma}\frac{\mathrm{j}k}{\zeta}(\boldsymbol{p}^{\mathrm{T}}\boldsymbol{N}^{\mathrm{T}}\boldsymbol{N}\boldsymbol{p})\mathrm{d}s = 0 \qquad (2.46)$$

式中,$\nabla\boldsymbol{N}$ 为形函数的导数矩阵,其表达式为

$$\nabla\boldsymbol{N} = \begin{bmatrix} \dfrac{\partial N_1}{\partial x} & \dfrac{\partial N_1}{\partial y} & \dfrac{\partial N_1}{\partial z} \\ \dfrac{\partial N_2}{\partial x} & \dfrac{\partial N_2}{\partial y} & \dfrac{\partial N_2}{\partial z} \\ \vdots & \vdots & \vdots \\ \dfrac{\partial N_n}{\partial x} & \dfrac{\partial N_n}{\partial y} & \dfrac{\partial N_n}{\partial z} \end{bmatrix} = $$

$$[N_1 \quad N_2 \quad \cdots \quad N_n]\begin{bmatrix} \dfrac{\partial}{\partial x} & \dfrac{\partial}{\partial y} & \dfrac{\partial}{\partial z} \end{bmatrix} \qquad (2.47)$$

整理式(2.46),可得

$$\int_{\Omega}\left[(\nabla\boldsymbol{N})^{\mathrm{T}}(\nabla\boldsymbol{N})\right]\mathrm{d}v\boldsymbol{p} - \int_{\Omega}(k^2\boldsymbol{N}^{\mathrm{T}}\boldsymbol{N})\mathrm{d}v\boldsymbol{p} - \int_{\Omega}(\mathrm{j}\rho_0\omega\boldsymbol{N}^{\mathrm{T}}q_\omega)\mathrm{d}v +$$

$$\int_\Gamma \frac{jk}{\zeta}(\boldsymbol{N}^\mathrm{T}\boldsymbol{N})\mathrm{d}s\boldsymbol{p} = 0 \qquad (2.48)$$

令

$$\int_\Omega (\nabla\boldsymbol{N})^\mathrm{T}(\nabla\boldsymbol{N})\mathrm{d}v = \boldsymbol{K} \qquad (2.49)$$

$$\frac{1}{c_0^2}\int_\Omega \boldsymbol{N}^\mathrm{T}\boldsymbol{N}\mathrm{d}v = \boldsymbol{M} \qquad (2.50)$$

$$\frac{1}{c_0\zeta}\int_\Gamma \boldsymbol{N}^\mathrm{T}\boldsymbol{N}\mathrm{d}s = \boldsymbol{C} \qquad (2.51)$$

$$\int_\Omega j\rho_0\omega\boldsymbol{N}^\mathrm{T}q_\omega\mathrm{d}v = \boldsymbol{F} \qquad (2.52)$$

式中  $\boldsymbol{K}$——刚度矩阵；

   $\boldsymbol{M}$——质量矩阵；

   $\boldsymbol{C}$——阻尼矩阵；

   $\boldsymbol{F}$——载荷矩阵。

当声源为位于某一特定位置 $r_0(x_0,y_0,z_0)$ 处的简谐点声源时，频域内的声源强度可以表示为

$$q_\omega(r) = q_\omega(r_0)\delta(r-r_0) \qquad (2.53)$$

其中

$$\delta(r-r_0) = \begin{cases} 0, & r \neq r_0 \\ 1, & r = r_0 \end{cases} \qquad (2.54)$$

将式(2.53)代入式(2.52)中,可得

$$\boldsymbol{F} = \int_\Omega -j\rho_0\omega q_\omega(r_0)\delta(r-r_0)\boldsymbol{N}^\mathrm{T}\mathrm{d}v =$$
$$-j\rho_0\omega q_\omega(r_0)\mathrm{d}v\boldsymbol{N}_{r_0}^\mathrm{T} \qquad (2.55)$$

令 $Q_0 = q_\omega(r_0)\mathrm{d}v$,$Q_0$ 为此点声源的体积速度,则可得

$$\boldsymbol{F} = -j\rho_0\omega Q_0\boldsymbol{N}_{r_0}^\mathrm{T} \qquad (2.56)$$

将式(2.49)～式(2.52)代入式(2.48),可得

$$(\boldsymbol{K} + j\omega\boldsymbol{C} - \omega^2\boldsymbol{M})\boldsymbol{p} = \boldsymbol{F} \qquad (2.57)$$

式中  $\boldsymbol{p}$——节点声压向量。

式(2.57)即为封闭空间中无网格声场计算方法的控制方程,求解后可得到所有节点的声压,再利用式(2.45)即可求得任意一个场点的声压。最后,

根据式(2.14)即可求得房间脉冲响应。

### 2.移动最小二乘法构造形函数

由于系统矩阵均主要由形函数构成,因此形函数的性能对于无网格法的仿真精度有很重要的影响。在本书中,采用了最经典的移动最小二乘法来构造形函数。

移动最小二乘(Moving Least Square,MLS)近似最初由数学家设计用于数据拟合以及表面构造,现在则被广泛应用于构造无网格形函数。在移动最小二乘法中,一个场函数 $u(x)$ 在一点的近似值可以表示为

$$u^h(\boldsymbol{x}) = \sum_{i=1}^{m} p_i(\boldsymbol{x})a_i(\boldsymbol{x}) = \boldsymbol{p}^{\mathrm{T}}(\boldsymbol{x})\boldsymbol{a}(\boldsymbol{x}) \tag{2.58}$$

其中 $\boldsymbol{p}(\boldsymbol{x}) = [p_1(\boldsymbol{x}),p_2(\boldsymbol{x}),\cdots,p_m(\boldsymbol{x})]^{\mathrm{T}}$ 为基函数向量,$m$ 为基函数的个数,$\boldsymbol{a}(\boldsymbol{x}) = [a_1(\boldsymbol{x}),a_2(\boldsymbol{x}),\cdots,a_m(\boldsymbol{x})]^{\mathrm{T}}$ 为待定系数向量。基函数可采用如图 2.14 所示的 Pascal 三角确定,并尽量选用完备基。在本书中使用单项式基函数,二维空间中单项式基函数为

$$\left.\begin{array}{ll} \text{线性基:} & \boldsymbol{p}(\boldsymbol{x}) = [1,x,y]^{\mathrm{T}}, \quad m=3 \\ \text{二次基:} & \boldsymbol{p}(\boldsymbol{x}) = [1,x,y,x^2,xy,y^2]^{\mathrm{T}}, \quad m=6 \end{array}\right\} \tag{2.59}$$

在三维空间中单项式基函数为

$$\left.\begin{array}{ll} \text{线性基:} & \boldsymbol{p}(\boldsymbol{x}) = [1,x,y,z]^{\mathrm{T}}, \quad m=4 \\ \text{二次基:} & \boldsymbol{p}(\boldsymbol{x}) = [1,x,y,z,x^2,xy,y^2,yz,z^2,xz]^{\mathrm{T}}, \quad m=10 \end{array}\right\}$$
$$\tag{2.60}$$

式(2.58)中的系数 $a_i(\boldsymbol{x})$ 可通过对下列加权离散 $L_2$ 范数取极小得

$$J = \sum_{I=1}^{N} w_I(\boldsymbol{x}-\boldsymbol{x}_I) \left[ \boldsymbol{p}^{\mathrm{T}}(\boldsymbol{x}_I)\boldsymbol{a}(\boldsymbol{x}) - u_I \right]^2 =$$
$$\sum_{I=1}^{N} w_I(\boldsymbol{x}-\boldsymbol{x}_I) \left[ \sum_{i=1}^{m} p_i(\boldsymbol{x}_I)a_i(\boldsymbol{x}) - u_I \right]^2 \tag{2.61}$$

式中　　　　　$N$—— 节点数目;

$\quad\quad\quad\quad \boldsymbol{x}_I$—— 节点;

$\quad\quad\quad\quad u_I$—— 节点 $\boldsymbol{x}_I$ 处的场值;

$\quad\quad w_I(\boldsymbol{x}-\boldsymbol{x}_I)$—— 节点 $\boldsymbol{x}_I$ 处的权函数,此权函数只在 $\boldsymbol{x}_I$ 的支持域内大于零,而在支持域外为零。令 $J$ 取极小值,即

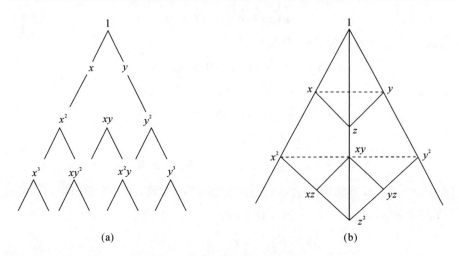

图 2.14　Pascal 三角示意图

（a）二维 Pascal 三角；（b）三维 Pascal 三角

$$\frac{\partial J}{\partial a_j(\boldsymbol{x})} = 2\sum_{I=1}^{N} w_I(\boldsymbol{x}-\boldsymbol{x}_I)$$

$$\left[\sum_{i=1}^{m} p_i(\boldsymbol{x}_I)a_i(\boldsymbol{x}) - u_I\right]p_j(\boldsymbol{x}_I) = 0, \quad j=1,2,\cdots,m \qquad (2.62)$$

整理式（2.62），可得

$$\sum_{i=1}^{m}\left[\sum_{I=1}^{N} w_I(\boldsymbol{x}-\boldsymbol{x}_I)p_i(\boldsymbol{x}_I)p_j(\boldsymbol{x}_I)\right]a_i(\boldsymbol{x}) = \left[\sum_{I=1}^{N} w_I(\boldsymbol{x}-\boldsymbol{x}_I)p_j(\boldsymbol{x}_I)\right]u_I$$

$$(2.63)$$

可将此式写为

$$\boldsymbol{A}(\boldsymbol{x})\boldsymbol{a}(\boldsymbol{x}) = \boldsymbol{B}(\boldsymbol{x})\boldsymbol{u} \qquad (2.64)$$

式中

$$\left.\begin{aligned}
\boldsymbol{A}(\boldsymbol{x}) &= \sum_{I=1}^{N} w_I(\boldsymbol{x}-\boldsymbol{x}_I)\boldsymbol{p}(\boldsymbol{x}_I)\boldsymbol{p}^{\mathrm{T}}(\boldsymbol{x}_I) \\
\boldsymbol{B}(\boldsymbol{x}) &= \left[w_1(\boldsymbol{x}-\boldsymbol{x}_I)\boldsymbol{p}(\boldsymbol{x}_1), w_2(\boldsymbol{x}-\boldsymbol{x}_I)\boldsymbol{p}(\boldsymbol{x}_2), \cdots, w_N(\boldsymbol{x}-\boldsymbol{x}_I)\boldsymbol{p}(\boldsymbol{x}_N)\right]
\end{aligned}\right\}$$

$$(2.65)$$

通过求解式（2.64），可得系数向量

$$a(x) = A^{-1}(x)B(x)u \tag{2.66}$$

将式(2.66)代入式(2.58)中得

$$u^h(x) = p^T(x)A^{-1}(x)B(x)u = N^T(x)u \tag{2.67}$$

式中,$N(x) = [N_1(x), N_2(x), \cdots, N_N(x)]^T$,即为形函数向量。

通过式(2.67),可求得形函数的一阶导数及二阶导数为

$$\left.\begin{aligned} N_{,i} &= r_{,i}^T B + r^T B_{,i} \\ N_{,ij} &= r_{,ij}^T B + r_{,i}^T B_{,j} + r_{,j}^T B_{,i} + r^T B_{,j} \end{aligned}\right\} \tag{2.68}$$

式中,$r = A^{-1}p$,下标",$i$"表示对空间坐标 $x^i$ 的导数,在三维空间中,$x^1$ 表示 $x$,$x^2$ 表示 $y$,$x^3$ 表示 $z$。$r$ 的导数可由式(2.69)求得

$$\left.\begin{aligned} r_{,i} &= A^{-1}(p_{,i} - A_{,i}r) \\ r_{,ij} &= A^{-1}(p_{,ij} - A_{,i}r_{,j} - A_{,j}r_{,i} - A_{,ij}r) \end{aligned}\right\} \tag{2.69}$$

从移动最小二乘法的求解过程来看,权函数对形函数的求解精度以及求解速度都有直接的关系,因此权函数的选择是至关重要的。常用的权函数包括高斯型权函数,三次样条函数,四次样条函数等,如式(2.70)所示:

$$\text{高斯型:} \quad w(r) = \begin{cases} \dfrac{e^{-r^2\beta^2} - e^{-\beta^2}}{1 - e^{-\beta^2}}, & r \leqslant 1 \\ 0, & r > 1 \end{cases}$$

$$\text{三次样条:} \quad w(r) = \begin{cases} 2/3 - 4r^2 + 4r^3, & r \leqslant 1/2 \\ 4/3 - 4r + 4r^2 - 4r^3/3, & \dfrac{1}{2} < r \leqslant 1 \\ 0, & r > 1 \end{cases}$$

$$\text{四次样条:} \quad w(r) = \begin{cases} 1 - 6r^2 + 8r^3 - 3r^4, & r \leqslant 1 \\ 0, & r > 1 \end{cases}$$

$$\tag{2.70}$$

式中,$r = \|x - x_I\| / d_{mI}$,代表计算点与节点的距离信息,若支持域为圆形或球形,则 $d_{mI}$ 为支持域的半径;若支持域为矩形或盒形,则 $d_{mI}$ 为边长。

为验证通过移动最小二乘法得到的形函数的准确性,做一简单数值验算。设一矩形长度为 2.4 m,高度为 2 m。如图 2.15(a)所示,原点取在其中心,图中实心圆点代表节点,空心圆点代表计算点,计算点的数目多于节点数

目。本例中，在矩形区域中的计算点上进行运算：$z=x^2+y^2$，然后在节点上同样进行此运算，并利用移动最小二乘法所得到的形函数对节点之外的计算点进行插值。如图 2.15(b)(c)(d) 所示为在原点处的形函数、形函数导数示意图。在本例中选取二次基，圆形支持域，支持域半径为 0.8 m，高斯型权函数。验算函数及误差如图 2.16 所示，通过误差图可看出，两者绝对误差最大仅为 $8.1 \times 10^{-14}$，差别几乎可以忽略。

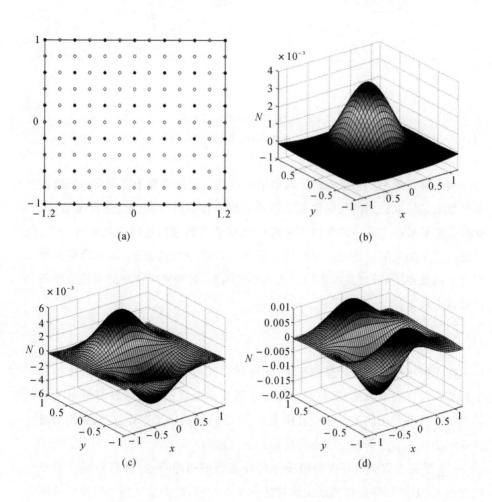

图 2.15 矩形区域及形函数、形函数导数示意图

(a) 矩形区域； (b) 形函数； (c) 形函数一阶导数； (d) 形函数二阶导数

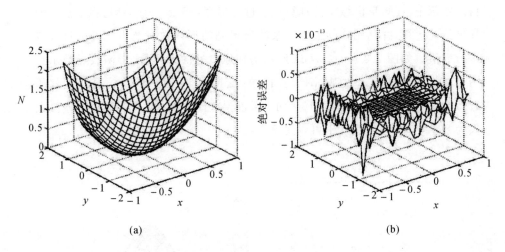

图 2.16　验算函数及绝对误差图

(a) 验算函数示意图；　(b) 绝对误差示意图

　　利用移动最小二乘法构造无网格形函数的主要优势在于可以应用低阶的基函数通过选取适当的权函数来获得具有较高连续性和相容性的形函数,因此基于移动最小二乘法的无网格法可得到在全求解域内连续的场函数,不需要做进一步的光顺化处理。但是移动最小二乘法也有其缺点,即不满足克罗内克 $\delta$ 函数性质,导致其本质边界条件处理困难,需要使用特殊的本质边界条件处理方法。

### 3. 节点布置

　　在无网格声场数值计算模型中,问题域及其边界都是通过一组散布在其上的节点加以表示或建模,节点的分布位置及密度直接决定了计算的精度及其效率。目前常用的节点生成算法主要有三种,包括手工布置节点、利用网格生成算法生成节点和基于节点密度控制法生成节点[50]。

　　(1) 手工布置节点是在问题域上布置适当的初始节点,然后在场变量变化比较大、需要局部提高精度的区域进行节点加密,此方法适用于较简单的模型,没有一套通用的算法,即对于不同的模型会有不同的布置方式。

　　(2) 利用网格生成算法生成节点就是利用已有的一些网格生成办法将模

型网格化后,只留下节点信息。

(3) 基于节点密度控制法产生过程如下:

1) 生成大量规则分布的节点作为初始节点;

2) 对于某一初始节点,如果满足节点位于问题域内或边界上且与已有正式节点的距离小于节点的密度控制因子,则将此节点选为正式节点。

在三种方法中,手工布置节点实现简单,且可根据需要生成符合要求的节点,因此应用最为广泛。

### 4. 积分方案

对式(2.55)~式(2.58)进行运算时,需要把连续形式的积分运算转化为离散形式的求和运算,即采用数值积分来计算:

$$\int_{\Omega} f(x)\mathrm{d}v = \sum_{l=1}^{n} f(x_l)\omega_l \qquad (2.71)$$

式中　$n$——积分点的数目;

　　$x_l$——第 $l$ 个积分点的坐标;

　　$\omega_l$——相应的权系数。

背景网格积分是一种常用的无网格数值积分方法,在这种方法中需要构造求解域上的规则网格,然后在网格中布置计算点,即高斯点,如图 2.17 所示。将对整个求解域的积分转化为对各规则格子的积分之和,然后在每个格子中的高斯点上进行式(2.71)的运算。此运算要对所有背景网格及其背景网格中的高斯点进行循环计算,并将计算结果组装到系统矩阵之中。

在计算过程中,当遇到与求解域边界相交的背景网格时,会产生一定误差,可采用细化背景网格的方法来减小误差。即当判断到背景网格部分位于求解域内,部分位于求解域外时,则将位于求解域内的那部分背景网格重新分成若干个子背景网格,然后在每个子格中使用高斯积分,如图 2.18 所示。

背景网格用来计算积分,因此一般使用形状规则的网格,其生成与有限元网格相比要容易得多,而且在计算中,起作用的实际是背景网格中的高斯点,因此,背景网格实际起到划分求解区域的作用,可以使高斯点的分布更符合需求。

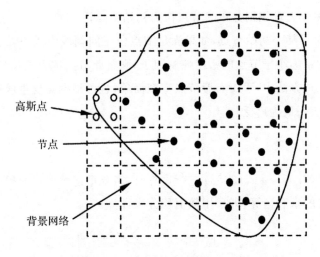

图 2.17　背景网格示意图

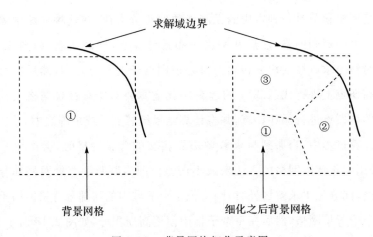

图 2.18　背景网格细化示意图

　　上文即给出了利用无网格法对室内声场进行仿真的理论,流程如图2.19所示。

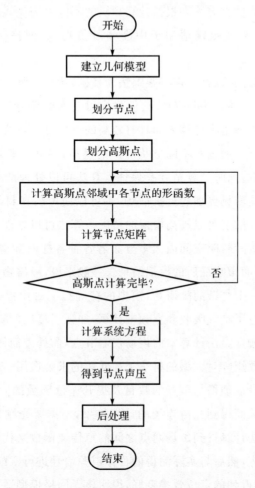

图 2.19 无网格伽辽金声场计算方法流程图

# 本 章 小 结

本章首先描述了房间脉冲响应的特性以及常见室内声学参数,接着详细介绍了房间脉冲响应的各种获取方法,主要有试验测量方法和数值仿真两大类。在测量方法中介绍了房间脉冲响应的基本测量原理,并介绍了 DIRAC

软件的使用。数值仿真方法则根据计算频段的不同分为声线跟踪及无网格仿真两大类。其中,声线跟踪适用于中高频段仿真,无网格仿真则适用于低频段。

对于声线跟踪法,以经典声线跟踪法为基础,建立了复杂场景下多重声反射跟踪算法的程序,通过 ODEON 软件建模以及实际测量试验的验证,说明本算法在简单的声学指标计算方面具有较高的可信度。算法可以解决任意形状的房间建模问题。通过对不同形状房间的模拟,验证了程序能够对任意房间进行建模并计算,同时计算精度有保证。算法可以处理散射存在时的建模问题。散射可以使声场更加趋近扩散场,也可以使声线在封闭空间内的分布更均匀,因此,加入散射可以提高模拟的精度。算法可以处理封闭空间内存在障碍物的情况。实际封闭空间内大多分布着各种各样的障碍物,障碍物会影响声线的传播,继而影响最后的模拟结果。一般来说,障碍物可用规则的多个面来模拟。若是一个复杂的障碍物,模拟的精确程度对模拟结果有较大的影响。在算法中考虑了空气吸收和宽频带计算,加强了算法的实用价值。

采用无网格伽辽金法计算室内声场仅需节点,前处理简便;采用的紧支函数得到的带状系数矩阵对大型的科学工程问题的求解适用;自适应性良好,在高误差区域可以灵活地增加节点的数目及提升差值函数的阶次;形函数连续性好、形式灵活,从而得到光滑连续的计算结果,不需要光顺化的后处理。利用无网格伽辽金法计算得到声场两点之间的声传递函数来代替采样过程中测量得到的脉冲响应,然后与实际测得的目标声源信号进行匹配,峰值处即为目标声源的位置,若得到的定位效果良好,说明该无网格模型适合于室内声场的计算。

# 第3章 基于时间反转聚焦的 室内声源定位

社会经济的快速发展以及人们生活水平的飞速提高,使得室内声源定位需求越来越多,比如在博物馆、超市、机场等场所,消费者需要快速地了解自身所处的位置,并到达目的地;在矿井、火灾现场,为警察等工作人员提供精确的导航与定位。室外一般用全球定位系统(Global Positioning System, GPS)定位,但室内环境比室外环境复杂得多,GPS接收器在室内工作时,受建筑物等干扰,接收到的信号减弱,影响室内定位精度。因此,本文需要不同于GPS的专门的室内定位技术。

室内声源定位是伴随视频会议、远程监控、机器人定位等技术而出现的一门新的技术,声源定位(Sound Source Localization, SSL)是指利用声学和电子装置来接收并处理声场信号,从而确定声源位置并对其进行跟踪的定位技术,有着巨大的应用前景。该技术最早应用于军事领域,然后日益扩展到民用领域,如视频会议、机器人听觉等,并且一直都是研究的热点。

目前常用的声源定位技术是以传声器阵列为基础的声源定位技术。基于传声器阵列的声源定位算法主要有三类:波束形成算法、高分辨率谱估计算法和时延估计算法。这三类算法各有特点:波束形成法尽管不受相关性的限制,但在增强信号的同时,也提高了该方向的噪声,且受限于基阵孔径;高分辨定位算法以平稳信号为分析对象,且算法复杂,运算量大;自适应的滤波延迟估计法可解决运动声源定位中的实时问题,但前提假设为噪声是不相关的,且算法收敛速度慢。上述方法以及不断更新的后处理算法与一些特定的阵列结合,可获得良好的定位效果,因而在开放式的环境中应用广泛。不过,这些方法也具有算法复杂、阵型需专门设计、经济成本较高,以及容易受噪声和混响等环境因素的影响等不足之处,一定程度上限制了其实际应用。另外,还有基于双耳听觉机理双传声器的定位研究,不过,大部分都为理论研究,应用也多是近场或封闭声场。因此,将这些方法直接应用到室内声场这种复杂的封闭环境中进行定位均具有一定的缺陷。源自光学相位共轭的时间反转法的主要特点是能克服多途效应,实现自适应聚焦且无需大型阵列。因此,本研究主要考虑将这种声源定位方法应用到室内声场中。

## 3.1 时间反转聚焦基础理论

时间反转技术利用了声场的互易性原理。在理论上,声波由声源发出后,经过一定传播路径到达接收点,若在接收点位置反向发出序列反转的声信号,则声波能够在声源位置处聚焦,反向序列也可以认为信号在时间轴上进行了反转处理,所以此技术称为时间反转聚焦技术。按照阵元的数量,时间反转聚焦可分为单传声器时间反转聚焦、阵列时间反转聚焦;按照实现方法,可以分为常规时间反转聚焦、虚拟时间反转聚焦;按照各阵元是否需要收发合置的装置,又可以分为主动式时间反转聚焦、被动式时间反转聚焦。无论哪种时间反转聚焦,它们的核心原理都是类似的。

基本的时间反转聚焦如图 3.1 所示。图中,$S$ 为点声源,VAR 为垂直接收阵,$M$ 为垂直接收阵的个数,SRA 为收发合置的时间反转阵,$N$ 为时间反转阵的个数。时间反转过程如下:假设收发合置的阵元 SRA 接收到的信号来自于两个不同的路径,声源 $S$ 发射信号,经信道传输后,被收发合置的 SRA 接收并对其时间反转后再次发射出去,先发送后到达的信号,再发送先到达的信号,来自两个不同路径的信号会同时到达声源 $S$ 处,并在该处自动叠加,形成时间和空间上的聚焦。

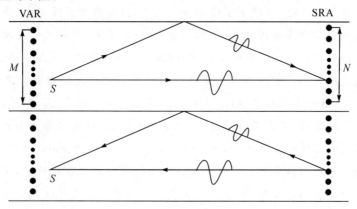

图 3.1 时间反转聚焦效应示意图

上述过程也可用波动理论解释。在理想流体介质中,小振幅波传播的基本规律可用波动方程来描述:

$$\frac{1}{c^2}\frac{\partial^2 \psi}{\partial t^2} - \nabla^2 \psi = 0 \tag{3.1}$$

式中　　$\nabla^2$ —— 拉普拉斯算子,不同的坐标系下有不同的形式;

　　　　$\psi$ —— 与时间有关的势函数;

　　　　$c$ —— 声速;

　　　　$t$ —— 时间。

假设声源 $S$ 发送的是简谐波,则可把波动方程化简为亥姆霍兹波动方程:

$$\nabla^2 \varphi + k^2 \varphi = 0 \tag{3.2}$$

用格林函数 $G_\omega(R;z_j,z_s)$ 代表从声源 $S$ 到时间反转阵 SRA 第 $j$ 个阵元的声场,$R$ 是声源 $S$ 到时间反转阵 SRA 的水平距离,$z_j$ 为 SRA 中阵元 $j$ 的高度,$z_s$ 为声源 $S$ 的高度。因声源 $S$ 发射简谐波,时间只和因子 $e^{-j\omega t}$ 有关,当高度不随着距离的改变而改变时,忽略谐函数时间因子 $e^{-j\omega t}$,则 $G_\omega(R;z_j,z_s)$ 符合点声源的亥姆霍兹方程:

$$\nabla^2 G_\omega(R;z_j,z_s) + k^2(z_j)G_\omega(R;z_j,z_s) = -\delta(R-r_s)\delta(z_j-z_s) \tag{3.3}$$

$z$ 取正半轴,$k^2(z) = \omega^2/c^2(z)$,$\omega$ 是声源角频率。

远场条件下,式(3.3)的声压简正波解为

$$G_\omega(R;z_j,z_s) = \frac{i}{\rho(z_s)(8\pi R)^{1/2}}\exp(-i\pi/4)$$

$$\sum_n \frac{u_n(z_s)u_n(z_j)}{k_n^{1/2}}\exp(ik_n R) \tag{3.4}$$

式中　　$u_n(z)$ —— 本征函数,特征方程的解;

　　　　$k_n$ —— 第 $n$ 号简正波的波数。

$u_n(z)$,$k_n$ 满足

$$\frac{d^2 u_n}{dz^2} + [k^2(z) - k_n^2]u_n(z) = 0 \tag{3.5}$$

本征函数符合完备性、正交归一性,即

$$\sum_{n=0}^{\infty} \frac{u_n(z)u_n(z_s)}{\rho(z_s)} = \delta(z-z_s) \tag{3.6}$$

$$\int_0^\infty \frac{u_m(z)u_n(z)}{\rho(z)}\mathrm{d}z = \delta_{nm} = \begin{cases} 1, m=n \\ 0, m \neq n \end{cases} \tag{3.7}$$

式中　$\delta_{nm}$——Dirac 函数。

SRA 实施相位共轭：首先将 $G_\omega(R;z_j,z_s)$ 取复数共轭，成为 $G_\omega^*(R;z_j,z_s)$，然后发射到声场中，此时声场中的任意点 $(r,z)$ 处的声压 $p_c(r,z)$ 满足波动方程：

$$\nabla^2 p_c(r,z) + k^2(z)p_c(r,z) = \sum_{j=1}^M \delta(z-z_j)G_\omega^*(R;z_j,z_s) \tag{3.8}$$

式中　$r$——SRA 到目标声源的水平距离。

对于垂直线列阵，Green 函数关于声源位置处的和即为观测点处的声压场：

$$p_c(r,z;\omega) = \sum_{j=1}^M G_\omega(r,z;z_j)G_\omega^*(r;z,z_j) \tag{3.9}$$

为证明 $p_c(r,z)$ 在 $(R,z_s)$ 处形成聚焦，将式(3.4)代入式(3.9)得

$$p_c(r,z;\omega) \approx \sum_m \sum_n \sum_j \frac{u_m(z)u_m(z_j)u_n(z_j)u_n(z_s)}{\rho(z_j)\rho(z_s)\sqrt{k_m k_n rR}}\exp\{i(k_m r - k_n R)\} \tag{3.10}$$

利用式(3.6)所示的简正波的正交性，式(3.10)可简化为

$$p_c(r,z;\omega) \approx \sum_m \frac{u_m(z)u_m(z_j)}{\rho(z_s)k_m\sqrt{rR}}\exp\{ik_m(r-R)\} \tag{3.11}$$

式(3.11)代表相位共轭场里的某点声压。当 $r \neq R$ 时，$p_c(r,z)$ 随着简正波阶数的变化将显著变化；当 $r=R$ 时，式(3.11)可写为

$$p_c(r,z;\omega) = \sum_m \frac{u_m(z)u_m(z_s)}{\rho(z_{ps})k_m R} \tag{3.12}$$

式中，$R$ 为常数，对于第 $m$ 号简正波的波数 $k_m$，也可以近似为常数，所以可将式(3.12)近似为式(3.6)，即

$$p_c(r,z;\omega) \approx \delta(z-z_s) \tag{3.13}$$

式(3.13)表明，当 $r=R$ 时，相位共轭场里的声源 $S$ 处的声压 $p_c(r,z;\omega)$ 可近似为声源声压的表达式，而在其他观测点，声压值和声源处的声压值相比，会随着简正波的阶数变化从而显著下降。这就是时间反转镜聚焦效应的基本原理。

## 3.2　基于时间反转聚焦的
## 室内声源定位方法

　　根据时间反转聚焦理论,本书提出了一种室内声源定位方法,此方法仅需2 个传声器即可完成快速而准确的室内声源定位。下面对此方法进行详细介绍。

　　双传声器时间反转定位的原理如图 3.2 所示。

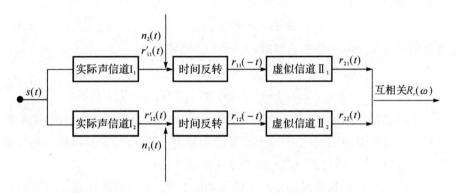

图 3.2　双传声器时间反转匹配聚焦基本原理图

　　图 3.2 中,信道 $I_i(i=1,2)$ 是实际声信道,信道 $II_i$ 是虚拟信道。声源 $S$ 发出信号 $s(t)$,经过实际声信道 $I_i$ 传播到达传声器,和本地干扰 $n_i(t)$ 迭加后为传声器接收到的信号 $r_{1i}(t)$,再将其进行时间反转,然后通过虚拟信道 $II_i$,这样就在计算机中模拟实现了信号的时间反转重发过程,得到的输出信号为 $r_{2i}(t)$,由于信号分量相关,噪声分量不相关,对 $r_{2i}(t)$ 信号作互相关处理得 $R_z(\tau)$,结果为关于能量坐标的函数。由时间反转聚焦原理可知,时间反转镜处理输出最大的位置即为声源 $S$ 的位置估计。具体说明如下:

　　$S(\omega)$ 为源信号的频谱,$H_{1i}(\omega)$ 为实际声信道的频率响应函数,则信号经过信道传输后的输出信号 $r'_{1i}(t)$ 的频谱 $R'_{1i}(\omega)$ 为

$$R'_{1i}(\omega) = H_{1i}(\omega)S(\omega) \tag{3.14}$$

本地干扰 $n_i(t)$ 的频谱为 $N_i(\omega)$，则传声器的接收信号 $r_{1i}(t)$ 的频谱为

$$R_{1i}(\omega) = H_{1i}(\omega)S(\omega) + N_i(\omega) \qquad (3.15)$$

将传声器接收到的信号进行时间反转处理后得到的信号 $r_{2i}(t)$ 的频谱为

$$R_{1i}^*(\omega) = H_{1i}^*(\omega)S^*(\omega) + N_i^*(\omega) \qquad (3.16)$$

时域上的时间反转相当于频域上的相位共轭。

$H_{2i}(\omega)$ 为虚拟信道的频率响应函数。虚拟信道为计算机模拟的声信道，如果没有建模误差，则该模拟信道应与实际声信道相同。时间反转信号经过模拟信道 $H_{2i}(\omega)$ 后输出的信号 $r_{2i}(t)$ 的频谱为

$$R_{2i}(\omega) = H_{1i}^*(\omega)H_{2i}(\omega)S^*(\omega) + N_i^*(\omega)H_{2i}(\omega) \qquad (3.17)$$

对其作互相关，得

$$R_r(\omega) = R_{21}(\omega)R_{22}^*(\omega) \qquad (3.18)$$

当虚拟信道与实际声信道相同时，式(3.18) 可写为

$$\begin{aligned} R_r(\omega) = &H_{11}^*(\omega)H_{11}(\omega)H_{12}(\omega)H_{12}^*(\omega)S^*(\omega) \times \\ &S(\omega) + N_1^*(\omega)N_2(\omega)H_{11}(\omega)H_{12}^*(\omega) \end{aligned} \qquad (3.19)$$

从信道角度来说，当虚拟信道与实际声信道完全相关时，时间反转镜的处理就可实现信道的匹配，空间增益也将达到最大，$R_r(\omega)$ 的输出得到主相关峰值，这就是双传声器被动时间反转镜聚焦的基本原理。

$h(t)$ 的模拟计算是时间反转定位技术的关键，将其与传声器接收到的信号进行时间反转卷积，就可实现主动时间反转镜时间反转重发的过程。$H(\omega)$ 是空间某点到传声器的信道频率响应函数集合，当其中某个传播信道与实际声信道相同时，输出能量最大。将虚拟信道与实际声信道的频率响应匹配搜索，当搜索到声源的位置时，其输出达最大，即实现了声源定位。

基于上述理论，只要知道实际声信道和虚拟信道的冲激响应函数，将它们的频率响应函数作互相关，得到的主相关峰值最大处即为声源的位置。基于此，本文提出了一种新的双传声器定位方法，即基于时间反转的双通道空间脉冲响应匹配的声源定位方法，具体原理如下：将感兴趣区域划分为若干网格，每个网格中心到传声器的实际信道冲激响应函数可用测量或模拟的方法得到，虚拟信道冲激响应函数可通过传声器接收到的信号计算得到，将测量和计算得到的信道频率响应函数作互相关，输出的最大值处即为声源的位置。推导过程如下：

设未知声源 $S$ 发射的信号为 $s(t)$，$h_\alpha$ 和 $h_\beta$ 分别为未知声源 $S$ 到双传声器的空间脉冲响应，忽略本底噪声的影响，则双传声器接收到的信号分别为

$$f_\alpha(t) = s(t) * h_\alpha(t) \tag{3.20}$$

$$f_\beta(t) = s(t) * h_\beta(t) \tag{3.21}$$

对式(3.20)和式(3.21)进行傅里叶变换，得

$$F_\alpha(f) = S(f) \cdot H_\alpha(f) \tag{3.22}$$

$$F_\beta(f) = S(f) \cdot H_\beta(f) \tag{3.23}$$

式中　$f$——声源信号的频率。

由于声源信号 $s(t)$ 未知，为消去其影响，用式(3.22)除以式(3.23)，得

$$\Phi = \frac{F_\alpha(f)}{F_\beta(f)} = \frac{H_\alpha(f)}{H_\beta(f)} \tag{3.24}$$

从式(3.24)可看出，通道的频率响应函数关系可用双传声器接收到的信号的频率响应的关系来表示，并且不需要知道声源信号 $s(t)$。

对实际房间中声源可能分布的区域进行网格划分，并测量所有网格中心（假定声源位置）至固定传声器位置的空间脉冲响应，将它们作傅里叶变换后得 $G(f) = ((G_{1\alpha}(f), G_{1\beta}(f)), (G_{2\alpha}(f), G_{2\beta}(f)), \cdots, (G_{n\alpha}(f), G_{n\beta}(f)))$，将 $G(f)$ 存入数据库中，令 $\Psi_i = \dfrac{G_{i\alpha}}{G_{i\beta}} (i = 1, 2, \cdots, n)$，$n$ 为划分的网格数。

将 $\Phi, \Psi$ 作互相关运算，即

$$R = \mathrm{corrcoef}(\Phi, \Psi) =$$

$$\frac{\sum\limits_f (\Phi_i - \overline{\Phi})(\Psi_i - \overline{\Psi})}{\sqrt{\sum\limits_f (\Phi_i - \overline{\Phi})^2} \sqrt{\sum\limits_f (\Psi_i - \overline{\Psi})^2}} \tag{3.25}$$

式中　corrcoef——皮尔逊相关系数运算；

　　　$\overline{\Phi}, \overline{\Psi}$——各自的平均值。

将基于实测声信号计算得到的 $\Phi$ 与数据库中的所有 $\Psi$ 作互相关，计算出 $R_1, R_2, \cdots, R_n$，找出相关系数最大的一组数据 $R_i$，其中位置编号定义为

$$i = \arg\max_i R_i \tag{3.26}$$

认为声源位置 $S_i$ 位于该组数据所对应的网格中心点，从而实现未知声源的定位。

基于时间反转的双通道空间脉冲响应匹配的声源定位技术原理简单，操

作简便,由于时间反转具有补偿多途信道的优点,环境越复杂,聚焦效果越好,即定位效果越好,所以该方法适用于低信噪比、高混响等复杂的环境中,下面的章节将会详细验证。

# 3.3　室内时间反转定位性能分析

室内环境的主要特点是结构复杂、混响程度较高,小尺度空间常常还有声波干涉、衍射效应,影响其定位性能的主要因素有声源尺寸、背景噪声、传声器有效范围、混响、障碍物、声源指向性,以及环境改变等,下面通过试验来分别研究它们对定位性能的影响。

## 3.3.1　时间反转定位实现框架

试验过程包括采样和测试定位两个阶段。采样阶段即为测量每个网格中心到传声器的实际声信道,测试定位阶段为利用计算出的虚拟信道匹配测得的实际信道,相关系数峰值处即认为是声源的位置。

采样阶段的具体步骤:① 在房间内部的任意位置布置两传声器 $R_a$,$R_\beta$,两传声器应相距尽量远。② 在室内感兴趣区域中划分 $n$ 个网格(见图 3.3),每个网格的中心视为采样位置 $S_1$,$S_2$,$\cdots$,$S_n$。网格采用长方形或正方形,相邻网格中心的距离设为 $d$。采样位置的划分拥有较高的自由度,可在定位精度要求高的区域设置较多的采样位置,而在定位精度要求低的地方设置较少的采样位置,且采样位置不一定布满整个区域,它可以只设置在声源确定会出现的某片区域。③ 利用 DIRAC 测量系统测量每个网格中心到双传声器位置的脉冲响应 $(g_{1\alpha},g_{1\beta})$,$(g_{2\alpha},g_{2\beta})$,$\cdots$,$(g_{n\alpha},g_{n\beta})$,将得到的所有脉冲响应进行傅里叶变换,得到 $G(f)=((G_{1\alpha}(f),G_{1\beta}(f)),(G_{2\alpha}(f),G_{2\beta}(f)),\cdots,(G_{n\alpha}(f),G_{n\beta}(f)))$,将经过傅里叶变换的信号存入数据库,至此采样阶段完成。

测试定位阶段的具体步骤:① 试验装置连接图如图 3.4 所示。目标声源发射持续约 2 s 的信号,信号的时域波形图和功率谱如图 3.5 所示。双传声器接收到的声源信号为 $f_\alpha(t)$,$f_\beta(t)$,进行傅里叶变换得 $F_\alpha(t)$,$F_\beta(t)$。② 将 $\Phi=\dfrac{F_\alpha(f)}{F_\beta(f)}$,$\Psi_i=\dfrac{G_{i\alpha}}{G_{i\beta}}(i=1,2,\cdots,n)$ 作互相关,峰值位置处对应的网格中心

即认为是目标声源的实际位置，目标声源定位完成。

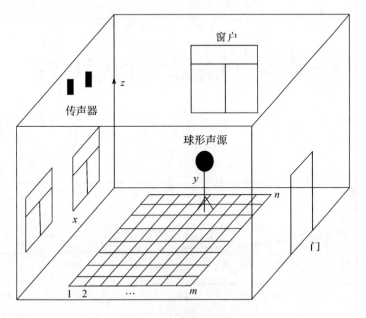

图 3.3　网格分布图

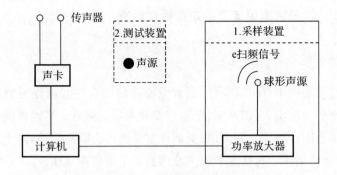

图 3.4　试验装置连接图

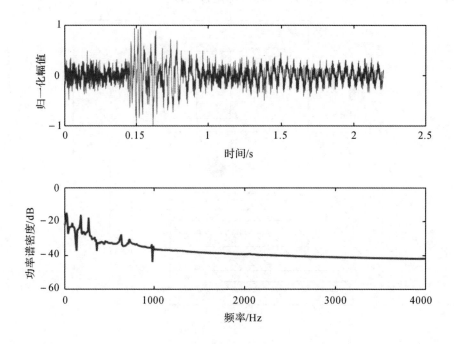

图 3.5    测试声源信号的时域波形图和功率谱

### 3.3.2    不同影响因素下的定位性能研究

1. 消声室定位性能研究

满足自由场或半自由场条件,低背景噪声的闭合空间被称为消声室。消声室大致可分为三类:半消声室、全消声室和双功消声室。半消声室由 5 个吸声墙体和 1 个刚性墙体共同组成;全消声室 6 面均为吸声墙体,防干扰防反射能力最强;双功消声室包括 5 个吸声墙体和 1 个半吸声墙体。

首先,本书在半消声室环境下对该方法进行了实验验证。共划分了 9 个网格,网格间距 60 cm,按图 3.6 所示的定位流程进行定位实验,最后得出的定位准确率为 100%,这与预想中的结果一样,因为消声室属于一个理想的环境,所以定位准确率很高。

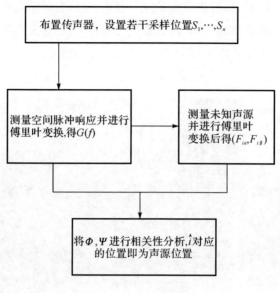

图 3.6 定位流程图

**2. 不同声源尺寸下的定位误差研究**

试验在普通房间里进行,房间大小为 8.3 m×5.5 m×3.8 m,信噪比大约为 5 dB,两传声器分别位于 $R_\alpha(4.2,4,3.6)$,$R_\beta(5.3,2.8,3.6)$ 处,如图 3.7 所示。试验中共设置了 100 个采样点,分别采用直径为 50 cm 的球形声源、直径为 14 cm 的扬声器和直径为 7 cm 的扬声器作为发声装置,受到声源尺寸的限制,网格划分间隔(对应于空间分辨率)也有所不同,统计所得的 100 个定位试验结果见表 3.1。

表 3.1 不同发声装置的空间分辨率和定位准确率

| 发声装置 | 直径 /cm | 空间分辨率 /cm | 准确率 |
| --- | --- | --- | --- |
| 球形声源 | 50 | 60 | 100% |
| 扬声器 | 14 | 20 | 96% |
| 扬声器 | 7 | 15 | 95% |

由表 3.1 可以看出,发声装置的尺寸越小,空间分辨率越高。由于不同尺寸的发声装置占据的空间不同,所以空间分辨率不同,但是几种情况下的定位准确率都维持在很高的水平,都在 95% 以上,在目前的试验条件下,空间分辨率可达到 15 cm。

图 3.7　试验房间

3. 不同信噪比下该方法的定位性能研究

信噪比(Signal to Noise Ratio,SNR)为信号与噪声的功率强度之比:

$$\mathrm{SNR} = 10\lg \frac{p_\mathrm{s}^2}{p_\mathrm{n}^2} \tag{3.27}$$

$p_\mathrm{s}$,$p_\mathrm{n}$ 分别为信号与背景噪声的声压。在试验室条件下为了模拟背景噪声,采取在传声器附近播放白噪声的方式,目的是为了消除白噪声的位置所带来的影响。背景噪声产生如图 3.8 所示。试验具体过程如下:

(1) 播放白噪声,测试声源不工作,记录白噪声的能量,此后试验过程中,白噪声的能量保持恒定。

(2) 停止播放白噪声,测试声源播放声音,记录下声音的能量,获得此过程中信噪比。

(3) 白噪声与测试声源同时播放,开始定位,记录定位准确率。

(4) 重复过程(2),但改变测试声源的音量,获得不同的信噪比。

（5）按图 3.6 所示的定位流程进行定位试验，记录定位准确率。

图 3.8　背景噪声产生示意图

本试验在图 3.7 所示的房间里进行，网格数 $n$ 取 25，$d$ 取 20 cm，扬声器直径14 cm，分别选取约 0 dB、1 dB、2 dB、3 dB、4 dB、5 dB、6 dB 的情况，按照上述实验过程进行定位试验，定位准确率如图 3.9 所示。

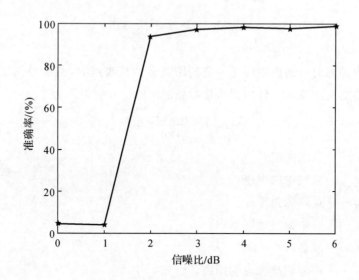

图 3.9　不同信噪比下的定位准确率

由图 3.9 可以看出，环境噪声对该方法影响显著，当信噪比低于 2 dB 时，定位准确率不到 10％；但信噪比高于 2 dB 后，定位准确率均超过 90％。这表明，该方法在信噪比满足一定的数值时可以维持很高的定位精度。

### 4.传声器拾音范围对定位性能的影响

传声器的拾音范围有限,其有效范围通常与声源的强度有关,当声源强度较高时,传声器即使距离声源较远也可以接收到有效的信号;当声源强度较低时,传声器需要距离声源很近才能接收到有效的信号。因此,首先分析声波在传播过程中衰减的规律。假设定位过程中的声源为一个点声源,其辐射示意图如图 3.10 所示。

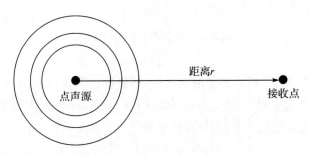

图 3.10　点声源辐射示意图

点声源辐射出的声波经过一定的距离到达接收点时,其信号强度在声辐射过程中会发生衰减。传声器所接收到的声源信号的声压为

$$p(r,t) = \frac{\mathrm{j}k\rho cQ}{4\pi r}\mathrm{e}^{\mathrm{j}(\omega t - kr)} \tag{3.28}$$

式中　　$\rho$——空气密度;

　　　　$c$——空气中的声速;

　　　　$Q$——点声源强度;

　　　　$\omega$——点声源振动圆频率;

　　　　$k$——波数;

　　　　$r$——声源到接收点的距离。

由式(3.28)得声压随距离增加而衰减的规律。声波能量随距离的增加呈下降趋势,其基本规律为,离声源距离每增加一倍,声压级就降低 6 dB。随着距离的增加,声压级的衰减速率也在下降。

基于上述原理,本书提出了一种估计传声器有效范围的方法,其流程如图 3.11 所示。首先估计出定位环境的 SNR,再根据它获得声源信号的衰减限值,以此得到目标声源到接收点的距离,最后得出传声器的有效拾音范围。

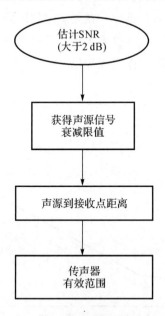

图 3.11　确定传声器有效范围流程图

由图 3.9 可知,要获得较好的定位准确率,传声器接收到的信号与背景噪声的 SNR 需大于 2 dB,即无论声源信号初始强度多大,其声波到达接收点时应满足上述信噪比条件。因此,只要知道声源原始声压级的大小和背景噪声的大小,就可以估计传声器的有效拾音范围。

从分析可以看出,传声器的有效范围与目标声源信号的初始强度以及背景噪声的强度(即信噪比)均有关。当信噪比较大时,传声器的有效范围较大,即使传声器处于较远的位置也可获得理想结果;当信噪比较小时,传声器的有效范围较小。为了更加直观地判断传声器的有效范围,此处统计了不同初始信噪比环境下传声器的有效拾音范围,如图 3.12 所示。

当感兴趣区域面积较大时,可能会存在一组传声器无法完成全部定位的情况,此时需要设置多组传声器,如图 3.13 所示。

对于同一目标声源及背景噪声来说,不同组别的传声器由于与目标声源的距离不同,会导致接收到的信号的强度不同,在定位实验中可根据接收到的强度的区别来决定选择采用其中一组传声器的数据完成定位工作。多组传声器定位试验,在采样阶段,需将网格中心到每组传声器的脉冲响应均进行采样,进行傅里叶变换后存入数据库。在测试定位阶段,首先判断不同组别的传声器接收到的信号的强度,将强度最大的一组作为最终的信号与对应组别的数据库里的数据进行匹配,从而实现定位。

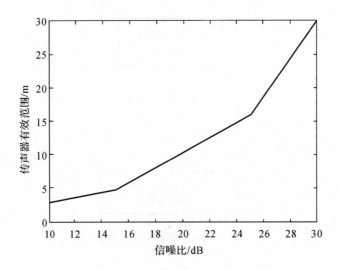

图 3.12　不同原始信噪比条件下的传声器有效范围

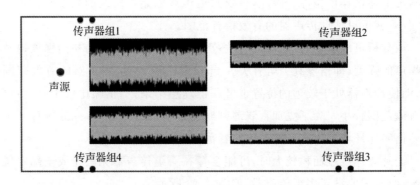

图 3.13　多组传声器布置图

**5.不同混响条件下的定位性能研究**

为了进一步探讨不同混响程度下的定位准确率,分别在混响时间 $T_{60} =$ 0.438 s、1.769 s、4.373 s 的消声室 1 号普通房间以及 2 号普通房间中进行定位实验,所有房间划分网格数 $n$ 均取 25,网格间距 $d$ 均取 20 cm,发声装置采用直径为 14 cm 的扬声器,对 25 个位置重复定位 125 次,统计得到的定位准确率均为 100%。这表明,在不同的混响环境中,该方法均具有较高的定位准确率,即受混响影响小。

**6.障碍物存在情况下的定位性能研究**

该试验研究了障碍物位于声源正前方这种极端情况下该方法的定位性能。试验在图 3.7 所示的房间里进行,网格数 $n$ 取 25,网格间距 $d$ 取 20 cm,扬声器直径为 20 cm。采样声源底部距离地面 150 cm。本文在障碍物不同的放置情况下做了一系列试验,共选取了多种障碍物距音箱前侧的距离(30 cm,50 cm,70 cm,100 cm 等),垂直放置和水平放置,即横向遮挡和纵向遮挡,共 8 种情况,如图 3.14 所示。横向遮挡时障碍物底部距离地面 125 cm,纵向遮挡时障碍物底部直接放在地面上,所得结果见表 3.2。

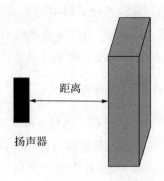

图 3.14　障碍物距传声器前侧的距离

表 3.2    不同遮挡情况时的定位准确率

| 距离 /cm | 遮挡形式 | 定位准确率 |
|---|---|---|
| 30 | 横向 | 21.2% |
| | 纵向 | 22.4% |
| 50 | 横向 | 83.6% |
| | 纵向 | 85.2% |
| 70 | 横向 | 97.6% |
| | 纵向 | 98.4% |
| 100 | 横向 | 98.8% |
| | 纵向 | 98.4% |
| 无障碍物 | — | 98.8% |

从表 3.2 的统计结果来看,当障碍物与音箱之间的距离为 30 cm 时,定位准确率较低,说明遮挡物此时产生了明显影响;当障碍物与音箱之间的距离增至 50 cm 时,定位准确率有了明显提升,但是仍旧与较高的定位准确率存在着一定的差距;当障碍物与音箱之间的距离大于或等于 70 cm 时,定位准确率已经与无遮挡物时的水平相当。

从遮挡形式来看,障碍物的方向问题对定位准确率影响不大,横向及纵向的准确率在不同距离上都比较接近。

本试验进行了障碍物对定位准确率影响的测试,从测试情况来看,当障碍物与声源之间的距离小于 50 cm 时,定位准确率较不理想;当障碍物与声源之间的距离大于或等于 70 cm 时,定位准确率可以维持在较高水平。

7. 不同声源高度下的定位性能研究

试验在图 3.7 所示的房间里进行。网格 $n$ 取 25,网格间距 $d$ 取 20 cm,扬声器直径为 20 cm。采样时声源底部距离地面 120 cm,如图 3.15 所示。测试定位时声源共选取了 7 个高度,与采样声源的高度差分别为 0 cm,±10 cm,±20 cm,±30 cm。按图 3.6 所示的流程图进行定位试验,得到不同高度差下的定位准确率如图 3.16 所示。

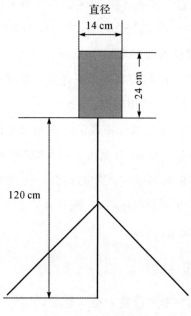

图 3.15 采样高度

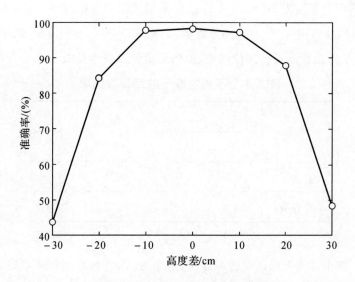

图 3.16 不同高度差下的定位准确率

从图 3.16 所示的定位结果来看,当测试声源与采样声源高度相同时,定位准确率维持在较高的水平,接近 100%;当目标声源高度发生变化,和采样声源相差 ±10 cm 时,定位准确率和相差 0 cm 时相比基本没有改变;当目标声源和采样声源相差 ±20 cm,但没有超出采样声源的高度范围时,定位准确率会发生下降,但是这种下降不是很明显,大概在 10% 左右,定位准确率依然维持在很高的水平,接近 90%;当目标声源的高度超出采样声源的高度范围时,会引起定位正确率的明显下降,而且高度差越大,准确率下降越多。这说明基于时间反转的双通道空间脉冲响应匹配的声源定位技术受高度影响较大,这是因为当目标声源的高度发生变化时,声源与传声器之间的通道会发生相应的改变,导致定位结果发生改变。

8. 声源指向性研究

上述试验中所用的球形声源是无指向性的,但是大多数的实际声源都是有指向性的,尤其是高频声源,因此本文又研究了声源指向性对该方法定位性能的影响。试验在图 3.7 所示的房间里进行。网格 $n$ 取 25,网格间距 $d$ 取 20 cm,扬声器直径为 20 cm。采样过程采用无指向性的球形声源,定位过程采用有指向性的声源——人和小音箱,分别在 0°,90°,180°,270° 四个方向按图 3.6 所示的流程图进行定位试验,得到的定位准确率见表 3.3。

表 3.3　不同角度下的定位准确率

| 声源 | 角度 | | | |
|---|---|---|---|---|
| | 0° | 90° | 180° | 270° |
| 人 | 97% | 94% | 88% | 94% |
| 小音箱 | 95% | 93% | 89% | 93% |

当人或小音箱正面面对传声器时,角度为 0°,背面面对传声器时,角度为 180°,垂直传声器时,角度为 90°、270°,如图 3.17 所示。

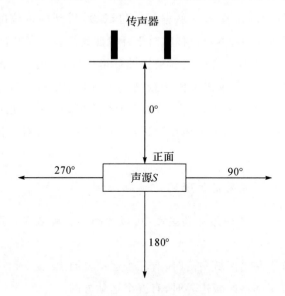

图 3.17　声源指向性图

从表 3.3 可以看出,测试声源指向性对于定位正确率有一定影响。人说话测试及小音箱测试均表明,当测试声源面对传声器时,正确率会高于背对传声器的情况,这可能有两种原因:一是声源的传播途径发生了改变,使通道发生变化,造成正确率下降;二是背对传声器时,音量变小,使得传声器拾音出现问题,但是这种可能性较小,因为小音箱正对或背对传声器时,音量不会差很多。

虽然测试声源背对传声器时比面对传声器时的正确率相对较低,但是仍旧具有较高的绝对正确率,均在 85% 以上。

**9. 环境改变时的定位性能研究**

该试验仍在图 3.7 所示的房间里进行。网格 $n$ 取 25,网格间距 $d$ 取 60 cm,扬声器采用球形声源。采样时的环境设置为窗户关闭、风扇关闭、门关闭、房间内两个人。测试定位过程在两种不同的环境下进行。

(1)窗户打开,风扇关闭,门关闭,房间内 5 个人,不在声源附近,随意走动。

(2)窗户打开,风扇打开,门打开,房间内 5 个人,在声源附近。

按图 3.6 所示的流程图分别进行定位试验,得到的定位准确率分别为 100%,85%。可以看出,本定位技术对于环境变化具有较高的容忍度。例如,本次测试中的采样过程均在较安静稳定的环境中进行,但是当测试环境不稳定且较为不安静时,定位准确率依然较高。人员对于定位准确率的影响分为两方面:一,当人员单纯增多,人员活动离测试声源较远时,对正确率基本没有影响;二,当较多人员的活动聚集在测试声源周围时,才会对定位准确率产生较大影响。

**10. 缓慢运动声源的定位研究**

室内环境中的声源一般运动缓慢,可以忽略多普勒效应。声源的运动方向如下(见图 3.18):

(1)声源位于网格区域角落时,有三个运动方向。

(2)声源位于网格区域边界时,有五个运动方向。

(3)声源位于网格区域内部时,有八个运动方向。

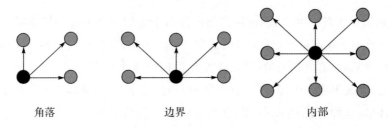

角落　　　　　　　　　　边界　　　　　　　　　　内部

图 3.18　声源的运动方向

从图 3.18 可以看出,声源运动时,下次的位置仍旧会在上次位置的附近,因此可以根据上次定位的结果对采样点进行滤除,以实现采样点的部分匹配。在声源运动过程中,定位时只和其周围的网格点的通道响应进行匹配,称为局部匹配追踪(Local Matching Pursuit,LMP)算法,其高效搜索算法实现的具体步骤如下:

(1)对数据库里的所有通道响应函数进行匹配,称为全局匹配搜索(Global Matching Search,GMS),定出声源的初始位置 $S_i$。

(2)在声源运动过程中,利用 LMP 算法对声源进行定位,得到声源的位置 $S_j$。

1) 设置搜索半径 $r$。

2) 根据上次定位结果,只匹配距离其 $r$ 的网格点的通道响应函数,得出峰值。

（3）在 $p$ 次定位试验后,为避免误差的累积返回步骤(1)。

（4）声源停止运动时终止定位程序。

高效搜索算法的过程如图 3.19 所示。

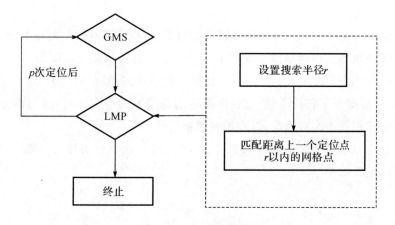

图 3.19　高效搜索算法

从图 3.19 所示的高效搜索算法来看,其实现过程依赖于上一次定位的结果,若上一次定位结果发生错误,极有可能影响这次的定位结果,因此为了防止定位错误的误差累积,需要每隔一定的定位实验后,重新进行一次包含所有采样点匹配的定位。另外,该高效搜索算法要求测试声源在运动过程中速度不能过快,因为运动速度过快会导致测试声源运动距离过大,而导致高效算法所搜索到的采样点不包含这次声源的位置。

仍在图 3.7 所示的房间内进行试验。网格间距 $d$ 取 30 cm,搜索半径 $r$ 取 100 cm,扬声器直径为 14 cm,声源以 50 cm/s 的速度按不同路线运动。从图 3.21 可以看出,LMP 比 GMS 所用的定位时间少,两种方法所用时间如表 3.4 所示。

**表 3.4　GMS 与 LMP 的定位时间**

| 算法 | $n$ | | |
|---|---|---|---|
| | 25 | 49 | 100 |
| GMS | 2.69 s | 3.91 s | 8.72 s |
| LMP | 1.16 s | 1.15 s | 1.15 s |

由表 3.4 可知,LMP 算法可以大幅降低定位所需的时间,网格数越多,降低的时间越多。当网格数 $n$ 取 25 时,LMP 算法定位所需的时间为 GMS 算法的 43%;当网格数 $n$ 取 100 时,LMP 算法定位所需的时间仅为 GMS 算法的 13%,速度提高了将近 7 倍,这在声源运动的情况下很有必要,因为声源运动时的定位相当于实时追踪,要求速度越快越好。

其中一条运动轨迹如图 3.20 所示,表 3.5 给出了按两种不同路线运动时统计的定位结果。

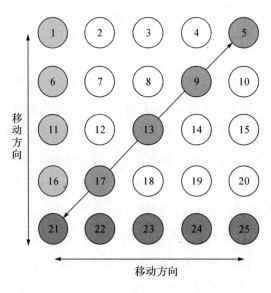

图 3.20　声源运动轨迹

**表 3.5　声源运动时的定位结果**

| 组别 | 运动轨迹 | 定位结果 |
|:---:|:---:|:---:|
| A | $(1-6-11-16-21)$ | 1,6,11,16,21 |
| B | $(21-16-11-6-1)$ | 21,16,11,6,1 |
| C | $(21-22-23-24-25)$ | 21,22,23,24,25 |
| D | $(25-24-23-22-21)$ | 25,24,23,22,21 |

从表 3.5 可以看出,当声源缓慢运动时,定位准确率为 100%,说明高效搜索算法很适用于声源缓慢运动的情况。

## 3.4　复杂场景下的定位试验研究

3.3 节中试验的环境都为普通环境,均证明了该方法具有良好的定位效果。为了验证定位算法在复杂环境中的适用性,本节在狭长空间、停车场、餐厅这三种极端环境下对该方法的定位性能进行研究。

### 1. 狭长空间

随着城市化的不断发展,狭长空间的开发及应用取得了飞速发展,尤其是以铁路隧道、公路隧道、地铁等作为代表的大型交通系统,其媒介的传输空间为狭长形态。狭长空间是一种应用日益广泛的建筑结构的形式,对其建筑结构的特点来说,其狭长空间的纵向尺寸远远大于高度或宽度方向的尺寸,一般其出口位于两端,其他地方无出口。狭长空间的结构特点:出口在两端,通风强制,空间是狭长的,侧壁受限制。由于其空间结构的特点,环境较为封闭,GPS 定位、电磁定位等传统定位方法都无法在其内部实现,因此基于空间脉冲响应匹配的声源定位技术在这种环境中可以发挥其独特优势,特别是当发生事故时,这种方法可有效确定声源位置,实现及时救援。

为了测试该方法在狭长空间环境中的定位效果,在走廊这个狭长的环境中进行了定位测试试验,走廊示意图如图 3.21 所示。狭长走廊内共布置 10 个采样点,即网格数 $n$ 取 10,网格间距 $d$ 取 30 cm,扬声器直径为 14 cm。

图 3.21 狭长走廊

按照图 3.6 所示的流程图进行试验,得出定位准确率为 100%,即每个位置都能被准确定出,说明本书提出的基于时间反转的双通道空间脉冲响应匹配的声源定位方法适用于狭长环境下的声源定位问题。

接着又验证了缓慢移动声源的定位效果,声源以 20 cm/s 的速度缓慢地运动, 共有两条路线, 分别为 1—2—3—4—5—6—7—8—9—10, 10—1—2—9—8—3—4—7—6—5,运动轨迹如图 3.22 所示,得出的定位结果见表 3.6。

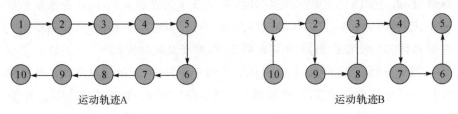

图 3.22 运动轨迹

**表 3.6　运动声源定位结果**

| 组别 | 运动轨迹 | 定位结果 |
|------|----------|----------|
| A | 1—2—3—4—5—6—7—8—9—10 | 1—2—3—4—5—6—7—8—9—10 |
| B | 10—1—2—9—8—3—4—7—6—5 | 10—1—2—9—8—3—4—7—6—5 |

从表 3.6 的定位结果可以看出,在狭长空间中运动声源的定位准确率为 100%,定位效果良好,说明本书提出的基于时间反转的双通道空间脉冲响应匹配的声源定位方法适用于狭长空间中的运动声源定位问题。

**2.大型地下停车场**

随着经济的迅猛发展,私家车数量不断增加,又因其具有自主、便捷、快速及舒适等优点,成为了城市居民出行的首选交通工具,公寓、大型娱乐场所、宾馆、酒店、办公楼等,都要配套大型停车场,但当今城市里的大型停车场的使用存在很多问题,比如空间太大导致容易迷路以及找不到自己车的位置,如果对该大型地下停车场不熟悉,就要花费大量的时间来找自己的车子。目前常用的停车场定位技术有红外线定位、射频识别定位、蓝牙定位以及超声波定位等,这些方法虽然也具有较高的定位精度,但对环境的要求较为严苛,而且经济成本高,不适合应用到停车场环境中,这时就需要效果良好、速度快、经济成本低、实用性强的定位方法,因此本书将基于时间反转的双通道空间脉冲响应匹配的声源定位方法引入到停车场定位系统中。

试验在某大厦的地下停车场进行,包括采用球形声源做目标声源,采用直径为 14 cm 的扬声器做目标声源,以及运动声源三种情况,下面分别介绍定位流程和结果。该地下停车场的环境极其复杂,里面停满了车,相当于到处都是障碍物,通风管道的背景噪声也相当高,期间还有人员不断走动。

首先采用球形声源做目标声源,停车场网格划分及传声器位置示意图如图 3.23 所示。网格数 $n$ 取 12,网格间距 $d$ 取 60 cm,传声器位于 2 m 高的柱子上,按照图 3.6 所示的流程图进行试验,得到的定位准确率为 100%。该停车场的环境相当复杂,障碍物多,信噪比低,但定位效果良好,因为时间反转法具有多途聚焦效应,环境越复杂,则声传播的途径就越多,聚焦定位效果越好,说明基于时间反转的双通道空间脉冲响应匹配的声源定位方法适合地下停车场这种复杂的环境中的声源定位。

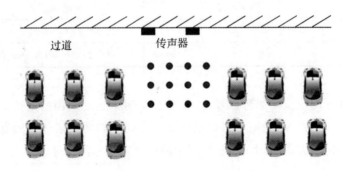

图 3.23　球形声源采样点示意图

扬声器直径取 14 cm 时,停车场网格划分及传声器位置示意图如图 3.24 所示。网格数 $n$ 取 25,网格间距 $d$ 取 20 cm,传声器位于 2 m 高的柱子上,按照图 3.6 所示的流程图进行试验,得出定位准确率为 98%,接近 100%,说明在复杂的环境中该方法也具有很高的定位准确率。

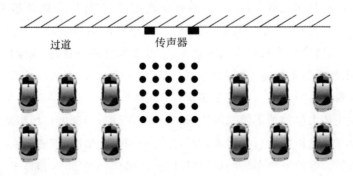

图 3.24　停车场示意图

网格划分仍如图 3.24 所示,网格数 $n$ 取 25,网格间距 $d$ 取 20 cm,扬声器直径为 14 cm,传声器位于 2 m 高的柱子上,目标声源以 20 cm/s 的速度缓慢运动,共有四条运动轨迹,分别为 1—6—11—16—21,21—16—11—6—1,21—22—23—24—25,25—24—23—22—21,如图 3.25 所示。按高效搜索算法进行定位试验,搜索半径 $r$ 取 45 cm,得到的定位结果见表 3.7。

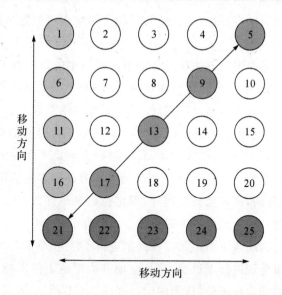

图 3.25  目标声源运动轨迹

**表 3.7  运动声源定位结果**

| 组别 | 运动轨迹 | 定位结果 |
|---|---|---|
| A | (1－6－11－16－21) | 1,6,11,16,21 |
| B | (21－16－11－6－1) | 21,16,11,6,1 |
| C | (21－22－23－24－25) | 21,22,23,24,25 |
| D | (25－24－23－22－21) | 25,24,23,22,21 |

　　声源分别沿直线和对角线运动,从表 3.7 的定位结果可以看出,运动声源的定位准确率为 100%。说明该方法及高效搜索算法在停车场这种复杂环境中也适用。

**3. 大型餐厅**

　　随着社会经济的飞速发展,企业、工厂越来越多,配套的餐厅设施也越来越大型化,在建筑功能上,与以前单一的食堂相比又有了很多其他的功能,更加自然化、人性化,但其内部还是存在很大问题,如噪声、桌椅的摆放过密等,这都是相当复杂的室内环境,在这样的环境下的室内声源定位对定位方法有相当高的要求。

为了验证本书提出的方法在复杂的室内环境中的定位性能,在某公司的餐厅里做了以下试验。网格划分在餐桌上,网格数 $n$ 取 24,网格间距 $d$ 取 20 cm,扬声器取直径 14 cm,传声器位于 2 m 高的柱子上。

按如图 3.6 所示的流程进行定位试验,该餐厅内部存在的桌椅,相当于很多障碍物,餐厅内部人员在随意走动,背景噪声主要是餐厅厨房的干扰,最后得到的定位准确率为 100%,因为时间反转法具有补偿多途信道的特点,环境越复杂,信道越复杂,则聚焦效果越好,即定位效果越好。说明基于时间反转的双通道空间脉冲响应匹配的声源定位方法适合于复杂环境中。

本章针对复杂场景下的声源定位问题进行了研究,在狭长空间、大型地下停车场和餐厅里分别进行了试验,狭长空间和大型地下停车场分别做了固定声源和运动声源的定位试验,得到的定位准确率都相当高,在餐厅里的定位试验准确率也为 100%。试验证明,该方法在复杂场景下也具有很好的定位性能。

# 3.5 典型室内声源定位方法性能试验比较

3.3 节和 3.4 节对基于时反原理的室内声源定位方法进行了性能验证,各项试验表明此方法具有良好的定位性能。为了更充分地验证基于时反原理定位方法的适用性及可靠性,本节将其与传统传声器阵列声源定位方法,包括传统波束形成方法(Conventional BeamFormer,CBF)和 MUSIC(Multiple Signal Classification),进行性能试验比较。

## 3.5.1 常用的传声器阵列算法原理

传声器阵列声源定位方法是指采用多个传声器构成的传声器阵列进行声源定位,通过传声器阵列接收空间场的信号,将原始的声场信号变成能反映目标场特征的有用信号,生成观测数据,然后对数据进行信号处理,提取目标信号,滤去噪声信号,从而估计出目标信号的各种特征参数。现有的可基于传声器阵列的声源定位技术基本上分为三类:①基于可控波束形成器的源定位;

②基于高分辨率谱估计的声源定位技术；③使用到达时间差的声源定位技术。

### 1. 波束形成算法原理

波束形成是基于传声器阵列测量最经典的定位方法，其中心思想是要在一个特定的方向上形成一个波束图案，使其能够从空间滤出从该方向来的信号，即传声器阵列的输出是各个阵元输出的简单加权求和，通过调整权系数在特定方向上形成波束，而在其余方向产生较小的响应，然后对整个空间做波束扫描，波束输出功率最大的点位声源位置。其算法的示意图如图 3.26 所示。

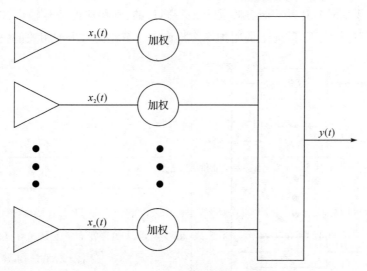

图 3.26　波束形成原理示意图

波束形成的概念是从早期的空间滤波演变而来的，主要是对特定方向的有用信号形成波束，以衰减其他方向上的干扰信号。在声源识别中的波束形成方法是根据传声器接收声音信号时间的差异与传声器本身的位置，也就是根据声程差的不同而产生的相位差，来确定信号的来源。对于传声器阵列而言，当各阵元接收的信号都是同向时，阵列可以产生一个增强的信号输出，否则输出将被减弱。波束形成的目的就是选取适当的加权向量，对传声器阵列中各阵元的输出进行延时、加权、求和等运算，以补偿各阵元上的传播延时，从而使某一期望方向上的信号到达阵列后都是同向的，进而在该方向上产生一个空间响应极大值,达到空间滤波的目的,从而实现定向作用。波束形成器也称为"空间滤波器"。

波束形成可以使传声器阵列形成预定方向上的指向性,实现定向接收,从而实现对信号进行空间滤波,提取所需的信号源和信号的属性等信息,如对物体表面的声源分布进行测量,找出主要声源的位置。在声源识别过程中,对传声器阵列接收的信号进行适当的波束形成处理,就可以得到我们希望得到的信息,例如声源的位置以及声源的频谱特性等。

传统的波束形成法利用了物理学中的波传播原理。对于传声器阵列,如果基阵地各阵元输出的信号都是同相的,则求和之后可产生一个增强的信号输出;如果信号到达基阵时各阵元上是不同相的,则相应的信号输出被减弱,但在这两种情况下,阵元上的附加噪声均由于其带宽而产生不相关的叠加。

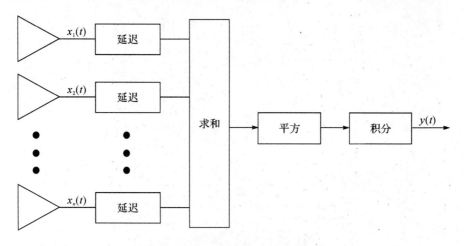

图 3.27   传统波束形成示意图

图 3.27 给出了传统波束形成的示意图,这种模型可以简单地归纳为延时—求和—平方的模型。

假设传声器阵列是由 $N$ 个阵元构成,入射信号为平面波,以平面上某一点为参考点,声到达第 $i$ 个阵元的信号为 $S(t + t_i(\theta_0))$,$\theta_0$ 为入射角,$t_i(\theta_0)$ 为第 $i$ 个阵元到达信号超前与参考点信号的时间差。如果将这个信号延迟 $t_i(\theta_0)$,那么该阵元的输出将变为 $S(t)$,若将所有 $N$ 个阵元的输入信号都进行相应的延迟,则 $N$ 个信号都变成同相信号,将 $N$ 个同向信号相加之后得到

$NS(t)$，再平方、积分后得到 $N^2 d_{\mathrm{s}}^2$，其中 $d_{\mathrm{s}}$ 为信号功率。如果入射信号方向改变 $\theta$，那么第 $i$ 个信号经延迟 $t_i(\theta)$ 之后就变成了 $S(t+t_i(\theta_0)-t_i(\theta))$，这时 $\theta$ 为传声器阵列发现方向。系统的输出是

$$D(\theta) = \left\{ E\left[ \sum_{i=1}^{N} S(t+t_i(\theta_0)-t_i(\theta)) \right]^2 \right\}^{1/2} \tag{3.29}$$

其中 $D(\theta)$ 经过归一化处理就可以得到指向性函数。

由式(3.29)可以计算波束形成系统的增益。设第 $i$ 个信号中混有噪声 $n_i(t)(i=1,2,\cdots,N)$，$n_i(t)$ 之间相互独立，其均值都为零，这时系统的输出为

$$D_n(\theta) = E\left[ \sum_{i=1}^{N} S(t+t_i(\theta_0)-t_i(\theta)) + \sum_{i=1}^{N} n_i(t-t_i(\theta)) \right]^2 \tag{3.30}$$

当 $\theta=\theta_0$，且信号与噪声不相关时：

$$D(\theta) = N^2 d_{\mathrm{s}}^2 + N d_{\mathrm{n}}^2 \tag{3.31}$$

式中，$d_{\mathrm{n}}^2$ 为噪声的能量。由此可知，信号增强了 $N^2$ 倍，而噪声仅增强了 $N$ 倍。因此，一个由 $N$ 个阵元构成的传声器阵列，如果满足各阵元上接收噪声相互独立的条件，它的增益是 $10\lg N$，$N$ 越大，增益越高。

假设在空间 $xOy$ 平面放置一个含有 $N$ 个传声器的平面阵列，传声器的位置为 $r_n(n=1,2,\cdots,N)$，接收来自远处的一列平面波。而波束形成的过程是将每个传声器接收的信号相对参考传声器进行时延，使得所有传声器对于同一个聚焦方向或聚焦点来说，接收的是同一个瞬间波前，也就是使所有传声器接收的信号同相位，然后求和，则该聚焦方向辐射信号同向相加，得以增强；而其他不同反方向上的信号因为不是同向相加，则会减弱。波束形成的输出为

$$b(K,t) = \sum_{n=1}^{N} w_n p_n(t-\Delta_n(K)) \tag{3.32}$$

在实际应用时，只能得到有限次阵列输出的测量，因此需要用协方差矩阵的估计来计算基振的输出功率谱，对阵列输出进行 $M$ 次采样，由时间平均来估计功率谱，即

$$P_{\mathrm{CBF}}(\theta) = \frac{1}{M}\sum_{m=1}^{M} |y(m)|^2 = \frac{1}{M}\sum_{m=1}^{M}\sum_{n=1}^{N} |e^{-j(n-1)\gamma} x_n(t)|^2 \tag{3.33}$$

式中，$\gamma=\omega t_0$，定义为空间频率。

由式(3.33)可以看出，常规波束形成器把阵列孔径分布的离散傅里叶变换作为空间方位谱。

## 2. MUSIC 算法原理

MUSIC 算法由 Schmidt 在 1986 年提出,该算法已经成为空间谱估计理论体系中标志性的算法,是空间谱估计发展史上具有里程碑意义的算法,已经成为了空间谱估计方法和理论的重要基础。该算法的基本思想是将任意阵列输出数据的协方差矩阵进行特征分解,从而得到与信号分量相对应的信号子空间与信号分量相正交的噪声子空间,然后利用这两个子空间的正交性来估计信号的参数(入射方向、极化信息及信号强度等)。

设有 $K$ 个声源发出的声信号入射到阵列上,则 $N$ 元阵列接收到的输入数据向量可以表示为 $K$ 个入射波与噪声的线性组合,即

$$\boldsymbol{X}(t) = \begin{bmatrix} u_1(t) \\ u_2(t) \\ \vdots \\ u_N(t) \end{bmatrix} = \begin{bmatrix} 1 & \cdots & 1 \\ e^{j\omega_e \tau_{21}} & \cdots & e^{j\omega_e \tau_{2K}} \\ \vdots & & \vdots \\ e^{j\omega_e \tau_{N1}} & \cdots & e^{j\omega_e \tau_{NK}} \end{bmatrix} \begin{bmatrix} s_1(t) \\ s_2(t) \\ \vdots \\ s_K(t) \end{bmatrix} + \begin{bmatrix} n_1(t) \\ n_2(t) \\ \vdots \\ n_N(t) \end{bmatrix} \quad (3.34)$$

将式(3.34)进行整理,得

$$\boldsymbol{X}(t) = \begin{bmatrix} \alpha(\theta_1) & \cdots & \alpha(\theta_K) \end{bmatrix} \begin{bmatrix} s_1(t) \\ s_2(t) \\ \vdots \\ s_K(t) \end{bmatrix} + \begin{bmatrix} n_1(t) \\ n_2(t) \\ \vdots \\ n_N(t) \end{bmatrix} = \boldsymbol{AS} + \boldsymbol{N} \quad (3.35)$$

式中,$\boldsymbol{\alpha}(\theta_i) = \begin{bmatrix} 1 & e^{j\omega_e \tau_{2i}} & \cdots & e^{j\omega_e \tau_{Ni}} \end{bmatrix}^{\mathrm{T}}$,对应于第 $i$ 个信号到达方向的阵列方向向量,$\omega_e$ 表示信源的中心频率,$\tau_{ij}$ 表示第 $j$ 个声源辐射到第 $i$ 个阵元上的相对时延,$\begin{bmatrix} s_1(t) & s_2(t) & \cdots & s_K(t) \end{bmatrix}^{\mathrm{T}}$ 是入射信号向量,$\begin{bmatrix} n_1(t) & n_2(t) & \cdots & n_N(t) \end{bmatrix}^{\mathrm{T}}$ 是噪声向量,各分量是相互独立,均值为零,方差为 $\sigma_N^2$ 的平稳高斯过程。

对于间距为 $d$ 的均匀直线阵列,信号到达方向向量可以表示为

$$\boldsymbol{\alpha}(\theta_i) = \begin{bmatrix} 1 & e^{-j\omega_e \tau_i} & e^{j\omega_e 2\tau_i} & \cdots & e^{j\omega_e (N-1)\tau_i} \end{bmatrix}^{\mathrm{T}} \quad (3.36)$$

式中,$\tau_i = d\sin(\theta_i)/c$,$c$ 为声速。

此处定义 $\boldsymbol{X}(t)$ 的协方差矩阵 $\boldsymbol{R}$ 为

$$\boldsymbol{R} = \boldsymbol{E}\{\boldsymbol{X}(t)\boldsymbol{X}^{\mathrm{H}}(t)\} \quad (3.37)$$

将式(3.35)代入式(3.37),可得

$$R_{xx} = E\{(AS + N)(AS + N)^H\}$$
$$= AE(ss^H)A^H + E(nn^H) \tag{3.38}$$
$$= AR_{ss}A^H + \sigma_n^2 I$$

对式(3.38)进行特征值分解,可得

$$R_{xx} = U\Sigma U^H$$
$$= [U_s \quad U_n]\Sigma[U_s \quad U_n]^H \tag{3.39}$$
$$= U_s\Sigma_s U_s^H + U_n\Sigma_n U_n^H$$

假设 $AR_{ss}A^H$ 满秩,对角矩阵 $\Sigma_s$ 含有 $K$ 个大的特征值,$\Sigma_n$ 含有 $N-K$ 个小的特征值,则有特征方程

$$R_{xx}U_n = \sigma_n^2 U_n \tag{3.40}$$

将式(3.38)右乘 $U_n$,可得

$$R_{xx}U_n = AR_{ss}A^H U_n + \sigma_n^2 I U_n \tag{3.41}$$

由式(3.40)和式(3.41)可得

$$AR_{ss}A^H U_n = 0 \tag{3.42}$$

从而有 $U_n AR_{ss}A^H U_n = 0$,又因为 $R_s$ 非奇异,故有 $A^H U_n = 0$。

这表示与 $N-K$ 个最小特征值相关的特征向量,和构成 $A$ 的 $K$ 个方向向量正交。通过寻找在与 $R_{xx}$ 中近似等于 $\sigma_n$ 的那些特征值所对应的特征向量中最接近正交方向的向量,可以估计与接收信号相关的方向向量。

由上述推导可以得到 MUSIC 算法,总结如下:

(1)采集输入样本 $x_p$,估计输入协方差矩阵,即

$$R_{xx} = \frac{1}{P}\sum_{p=0}^{P-1} x_p x_p^H \tag{3.43}$$

(2)对 $R_{xx}$ 进行特征分解,得到特征值向量,利用最小特征值的重数估计信号数,计算 MUSIC 谱:

$$P_{\text{MUSIC}}(\theta) = \frac{\alpha^H(\theta)\alpha(\theta)}{\alpha^H(\theta)V_n V_n^H \alpha(\theta)} \tag{3.44}$$

式中,$V_n$ 为特征向量组成的矩阵。

(3)找出 $P_{\text{MUSIC}}(\theta)$ 的 $K$ 个最大峰值,得到波到达方向的估计。

如果数据足够长或者信噪比适当高,并且信号模型足够准确,MUSIC 算法可以得到任意精度的波到达方向估计值。但是 MUSIC 算法仍旧存在一些局限,如在低信噪比和小样本情况下,不能分辨空间相距比较近的信号。

### 3.5.2　实际室内环境中的定位方法对比

为了对不同的声源定位方法在室内环境中的性能进行比较分析,在如图3.28所示的实际房间中进行了定位测试,房间尺寸为 6.5 m×7.2 m×3.8 m,测试的方法包括本章提出的基于时间反转的声源定位方法以及传统的基于传声器阵列的方法。

图 3.28　用于对比不同定位方法的实际房间

根据试验的目的及原理,本试验中对于基于时间反转的声源定位方法,由于只需要两个传声器,因此采用前文所述的 DIRAC 采集系统完成房间脉冲响应的测量;而对于基于传声器阵列的声源定位方法,由于需要多通道的声信号采集,故采用 PULSE。PULSE 系统是丹麦 Brüle&Kjær 公司于 1996 年研发的世界上首个噪声和振动多分析仪系统,能够进行多通道、实时的 FFT、CPB、总计值等分析。PULSE 系统的平台包括硬件和软件两个部分,硬件部分分为 3560B/C/D/E 型智能数据采集前端,前端中的模块可以按照用户的测量和分析需求选择。本试验根据实际需求采用的硬件是 3560B(见图3.29),它有 5 个输出通道和 1 个输入通道,用于输出信号和采集信号。软件部分为 7700 型平台软件,用于控制采集系统输入输出信号,以及对信号进行分析和处理。

图 3.29 试验所用的 3560B 模块

1. 时反定位试验

为完成基于时间反转原理的声源定位方法的测试,在房间中布置了 9 个声源位置和 2 个传声器位置,如图 3.30 所示。以图中房间左下角顶点为原点,9 个声源坐标分别为(0.8 m, 5.4 m, 1.2 m),(0.8 m, 5.8 m, 1.2 m),(0.8 m, 6.2 m, 1.2 m),(1.2 m, 5.4 m, 1.2 m),(1.2 m, 5.8 m, 1.2 m),(1.2 m, 6.2 m, 1.2 m),(1.6 m, 5.4 m, 1.2 m),(1.6 m, 5.8 m, 1.2 m),(1.6 m, 6.2 m, 1.2 m),2 个传声器的坐标分别为(4.8 m, 0.8 m, 1.5 m),(5.8 m, 0.8 m, 1.5 m)。根据前文中所给出的时间反转声源定位方法,将房间 $y>5$ m 的区域,利用 25 cm×25 cm 的采样网格进行离散划分。

实验中,在窗户关闭条件下,在每个声源位置处,分别测得 1 组房间脉冲响应,重复 9 个声源位置,得到 9 组房间脉冲响应;在窗户开启条件下,又分别测得 9 组房间脉冲响应。此处限于篇幅,仅给出关窗及开窗条件下,前三个声源到传声器 1 处的房间脉冲响应,分别如图 3.31 和图 3.32 所示。

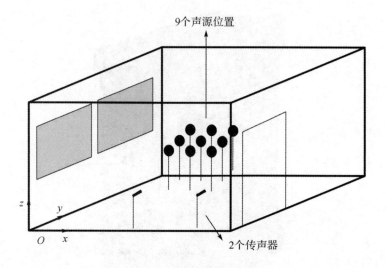

图 3.30 声源及传声器布置示意图

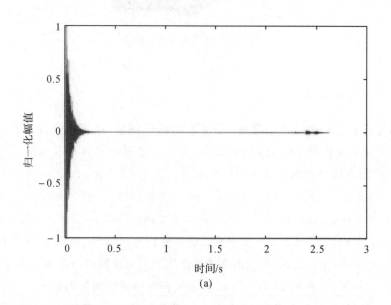

图 3.31 关窗条件下,声源 1、2、3 到传声器 1 的房间脉冲响应

(a)声源 1 到传声器 1 的房间脉冲响应

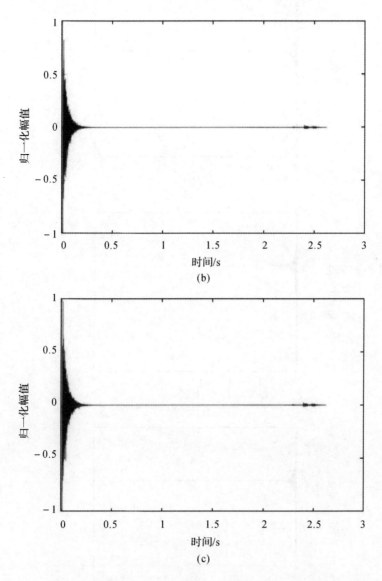

(b)

(c)

续图 3.31　关窗条件下,声源 1、2、3 到传声器 1 的房间脉冲响应

(b)声源 2 到传声器 1 的房间脉冲响应;　(c)声源 3 到传声器 1 的房间脉冲响应

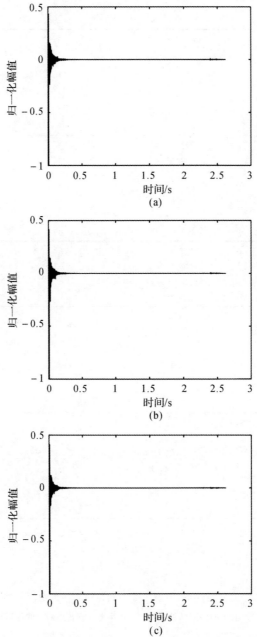

图 3.32　开窗条件下,声源 1、2、3 到传声器 1 的房间脉冲响应

(a)声源 1 到传声器 1 的房间脉冲响应;　(b)声源 2 到传声器 1 的房间脉冲响应;

(c)声源 3 到传声器 1 的房间脉冲响应

经统计,在关窗及开窗条件下,基于时间反转原理的声源定位方法对于本实验中的 9 个声源均可准确定位,这说明本书所提出的定位方法对于室内环境中的声源定位有效及鲁棒性高。

2.传声器阵列定位试验

在本试验中,利用线型传声器阵列配合 CBF 算法及 MUSIC 算法进行室内声源定位。试验所需要的仪器有:笔记本一台、数据采集前端一台、功率放大器一台(包括输入线和输出线各一个),传声器四个。四个传声器组成的传声器阵列如图 3.33 所示,每个阵元间隔为 0.08 m,阵列距地面 1.2 m,阵列的中心点的坐标为(1.2 m,3.2 m,1.2 m)。

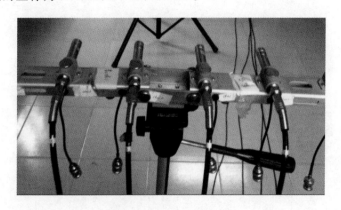

图 3.33　传声器阵列实图

本试验的步骤如下:

(1)按图 3.34 所示连接试验装置,打开 PULSE,在相对应的通道中找到传声器,并分别对其进行校准;

(2)将球形声源和传声器放置在房间的声源位置 1 处,激活 PULSE 的模块,使球形声源发出脉冲信号,并记录接收到的信号;

(3)改变球形声源的位置,重复步骤 (2),直到所需要的位置全部记录完;

(4)所有位置测量完毕后导出实验数据进行进一步的分析。

由于线阵是按水平面依次排列的,在垂直方向上没有对应的阵元,故传声器阵列得到的结果只能在水平面上的定位。根据时间反转定位试验中声源放置的位置,此处仅对(0.8 m,5.4 m,1.2 m),(1.2 m,5.4 m,1.2 m),(1.6 m,

5.4 m,1.2 m)等 3 个声源进行定位。利用 CBF 算法和 MUSIC 算法所得到的定位结果如图 3.35 和图 3.36 所示。

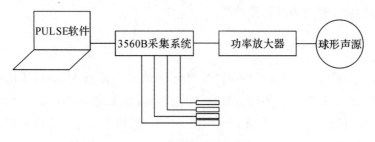

图 3.34　实验装置示意图

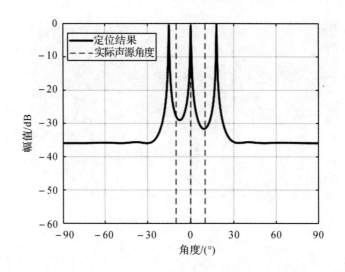

图 3.35　CBF 算法所得到的定位结果

从如图 3.35 和图 3.36 所示的定位结果来看,CBF 和 MUSIC 算法均出现了较大的偏差,这说明两种方法虽然在自由场环境中定位精度较高,但是对于混响程度较高的室内环境来说,定位结果尚存在较大误差。

通过此节不同定位方法的对比,可证明本书所提出的基于时间反转原理的定位方法在室内环境中有着良好的适用性,相比 CBF 和 MUSIC 方法,时间反转方法可利用更少的硬件实现更准确的定位,具有十分广阔的室内声源定位应用前景。

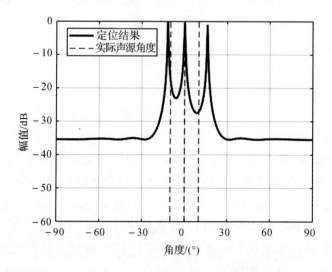

图 3.36　MUSIC 算法所得到的定位结果

# 本 章 小 结

　　传统的室内声源定位方法存在受背景噪声和混响影响大、阵列和算法复杂等问题,时间反转方法具有补偿多途效应和自适应聚焦的特点,被动时反定位中,当虚拟信道与实际信道完全相关时,空间增益达到最大,基于此原理,本章提出了基于时间反转的双通道空间脉冲响应匹配的声源定位方法,通过把目标声源到双传声器的通道响应与数据库里测量或计算得到的两点之间的脉冲响应匹配而完成目标声源的定位。主要研究结论如下。

　　(1)介绍了时反聚焦的基础理论,推导了双传声器时反镜被动定位的基本理论,得出当虚拟信道和实际信道匹配时,实际接收到的信号与模拟计算的信号的互相关达到最大值,基于此提出了基于时间反转的双通道空间脉冲响应匹配的室内声源定位方法,该方法预先把感兴趣区域划分为一系列网格,测量或计算每个网格中心点到双传声器的通道响应,存入数据库;然后通过双传声器接收到的目标声源的信号计算得到声源至两个传声器通道响应之间的相互关系,再与数据库里的各个采样声源对应的参数进行匹配,峰值位置即为目标声源的位置。

(2)在实际房间中研究了影响该方法定位性能的因素。首先在消声室环境下进行了实验研究,得到定位准确率为100%。然后研究了不同尺寸声源下的定位精度,结果表明尺寸越小,定位精度越高,目前实验条件下能达到的定位精度为15 cm。最后研究了不同信噪比、传声器有效范围、不同混响时间、障碍物、不同声源高度、声源指向性、环境改变等情况下的定位性能,结果表明该方法受噪声、混响的影响较小,在低信噪比、高混响的环境下均具有良好的定位精度和定位准确率,鲁棒性强;采样环境和测试环境不同时,也具有良好的定位效果。针对运动声源,提出了一种高效搜索算法,在保证良好的定位精度和准确率的同时,减少了测试耗费的时间。

(3)在实际的复杂场景下对该方法进行了验证,包括类似隧道的狭长空间、大型地下停车场和大型餐厅,实验结果良好,表明该方法操作简便,经济成本低,计算量小,定位精度、效率高,兼容性高,适合实际应用。

# 第4章 基于特征级混响处理的室内说话人识别

说话人识别是语音识别的一个重要分支,是一种通过机器鉴别说话人身份的技术。不同说话人语音的差异反映了人的生理特性的差异,即发音器官的差异和后天学习的发音习惯差异,因此可以通过语音鉴别说话人的身份。与其他生物特征如指纹、掌纹和虹膜等相比,语音使用更为自然,使用频率高,用户接受度高;与识别系统无需接触,方便卫生;语音采集系统可使用普通麦克风等,简单经济;说话人识别准确度高和可远程应用。因此可以说,说话人识别将是下一个应用广泛的身份识别技术。在实际环境下,噪声影响成为说话人识别必须要考虑的重要问题,而室内环境作为一种典型的说话人识别的应用场景越来越受到人们的关注,由于室内通道效应的存在,传统的说话人识别方法在实际的室内环境中性能普遍下降,这使得如何提高室内说话人识别的效果成为说话人识别领域一个新挑战。基于这些问题与趋势,本章将介绍室内说话人识别的相关研究,首先研究了基于 MFCC 和 GMM 模型的说话人识别方法,阐述了室内声信号(主要是语音信号)在房间中传播的规律及其对说话人识别系统的影响。为了抑制混响对说话人识别系统的影响,本章从特征级入手,研究了传统的混响抑制算法——CMN 和 RASTA,并将这两种方法结合起来。本章还研究了房间通道效应对信号 MFCC 特征的影响,在此基础上提出一种将 CMN、RASTA 与 REMOS 结合起来的方法,取得了良好的识别效果。

# 4.1 常规说话人识别算法及
## 在室内应用中的性能

### 4.1.1 常规说话人识别算法

说话人识别是一种由计算机读取语音信号,提取特征参数并通过一定方式判断说话人身份的技术。根据使用情况不同可以分为说话人辨识和说话人确认。前者是在一个说话人集合内,辨别目标语音是何人所说;后者是确定目标语音是否在该说话人集合内。前者是一对一的问题,系统性能一般随着话者数量的增多而有所降低;后者是一对多的问题,系统性能与话者数量没有明显的关系。本书研究主要针对说话人辨识问题。

现有说话人识别系统以计算机为中心,将说话人识别的基本语料库以数字信号形式储存在计算机中。通过信号处理等手段提取语音语料的特征,再按照一定方法训练语音特征得到说话人模型。在识别阶段,通过训练得到的说话人模型去匹配待识别的说话人特征,并按照一定的判别依据得到最终识别结果。常规的说话人识别算法如图 4.1 所示。

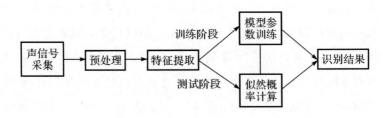

图 4.1 说话人识别系统流程图

根据上述环节可以看出,常规的说话人识别系统在算法方面需要解决以下几个方面的问题:①语音预处理;②特征提取;③识别模型的训练;④识别模型的似然概率计算和匹配识别。

下面对本书中涉及的常规说话人识别算法的各个环节加以描述。

**1. 建立语音语料库**

说话人识别系统需要一定量的话者语音信号作为训练样本，因此需要建立训练和识别语料库。本书针对室内说话人识别，建立了一套语料库。此语料库的训练样本在消声室环境中采集，采集的数据为 10 人所念的同一段文字。测试样本在消声室和实际房间中均有采集，数据为同样的 10 人所念的另外一段文字。

**2. 语音的预处理**

语音信号的预处理主要包括预加重、分帧、加窗等。其主要目的是为了放大语音中有用信息的含量，方便后续处理，以及防止频谱泄漏等。其中，预加重是为了加强语音信号中带有语音信息的高频成分，可采用以下系统函数的滤波器来实现：

$$H(z) = 1 - 0.97z^{-1} \tag{4.1}$$

通过预加重后的语音信号需要经过分帧处理，这是因为语音是一种短时平稳信号，一般认为语音在 $10 \sim 30$ ms[28]，语音帧是平稳的，故在语音信号处理中，往往需要将语音按照一定的时间尺度进行分帧，同时为了使语音频谱有平滑过渡的过程，前后两帧之间要有一定重叠。语音分帧的长度取为23 ms，采样频率为 22 050 Hz 时，每帧有 512 个采样点；采样频率为 44 100 Hz 时，每帧有 1 024 个采样点，帧重叠的长度为帧长的一半。为减少频谱泄漏，在分帧的同时给每帧信号加汉明窗。

**3. 特征提取算法**

由于原始语音信号难以直接用于分类和识别，这就需要对原始信号通过一系列的变换得到能反映其特性的各种参数，这一过程被称为特征提取。特征提取的任务就是将信息冗余度高、区分性差、不利于后端处理的语音波形参数转化为少量的具有信息含量高、区分性好、方便后续处理的参数。一个好的特征提取方法，需要用尽量简单的方法，提取出尽量少但是区分性好、信息含量高的特征用于分类识别。

目前在说话人识别领域使用最为广泛的一种特征是梅尔频率倒谱系数（Mel Frequency Cepstral Coefficients，MFCC）。MFCC 在说话人识别领域广泛使用并取得良好的识别效果,并且在历届 NIST 大赛中领先的作品大多以 MFCC 参数及其派生参数作为识别的主要特征。MFCC 特征提取方法是一种基于人耳听觉感知的方法,借鉴了人耳对声音感知的临界带划分和掩蔽效应。众所周知,人耳感知的频率与物理频率并不成线性关系。在 1 kHz 以下,近似为一个线性对应关系,大于 1 kHz 则是对数关系。HTK 采用的修正的 Mel 频率参数与实际物理频率的对应关系如下:

$$f_{Mel} = 2\ 595 \lg(1 + f/700) \tag{4.2}$$

将物理频率映射到人耳的听觉感知频率上,能更好地模拟人耳对声音的感知和处理过程。Mel 频率和物理频率的对应关系如图 4.2 所示。

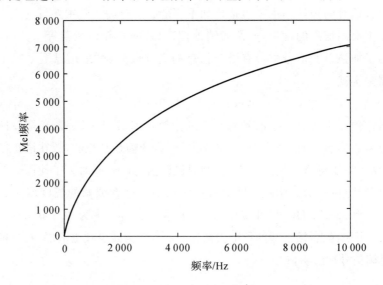

图 4.2　Mel 频率与线性频率的对应关系

为了进一步反映人耳对声音的掩蔽效应,Mel 滤波器在各个临界带上设置一个三角形滤波器序列,使用 Mel 滤波器组模拟人耳的掩蔽效应。通过使用 Mel 滤波器组对语音信号频谱进行加权和滤波,使得提出的特征更加接近人对声音的非线性感知,这对提取出有效的识别特征具有重要意义。图 4.3 是一组 Mel 滤波器的频率响应示意图。

MFCC 参数的计算过程如下:

(1) 对语音信号分帧(10 ~ 30 ms 一帧)、加窗、作短时傅里叶变换。

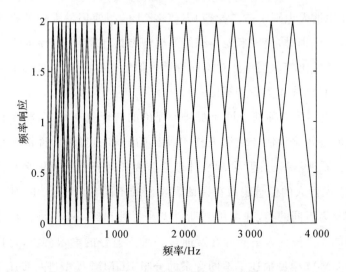

图 4.3　Mel 滤波器组的幅值响应

（2）将频谱幅值的模（或者模的平方）通过 $M$ 个 Mel 滤波器组,即通过 Mel 三角滤波器加权求和后得到 $M$ 个参数,表示信号在 Mel 频率上的频谱能量（或幅值之和）。

（3）将 $M$ 个参数取对数,并使用离散余弦变换,得到 $M$ 个 MFCC 参数。

（4）一般取 MFCC 参数前面若干个参数作为最终的说话人特征,在本书中取前 13 阶 MFCC 参数。

余弦变换的公式如下：

$$\text{MFCC}(k) = \sum_{i=1}^{M} y_{\text{Mel}}(i)\cos(\frac{\pi(i-0.5)(k-1)}{M}) \tag{4.3}$$

式中　　MFCC——最终计算得到的特征矢量;

$y_{\text{Mel}}$——通过 Mel 滤波器组后得到的 Mel 频谱能量,共 $M$ 维。

可以看出 MFCC 的参数个数与 Mel 滤波器的个数是相同的,由于 DCT 处理后其倒谱能量主要集中在倒谱的低频,高频受通道噪声影响较大,因此常用的做法是取前若干个 MFCC 参数作为识别特征。

### 4. GMM 模型的训练

由于高斯混合模型（Gaussian Mixed Model,GMM）符合说话人特征分布,因此在说话人识别中被广泛应用。GMM 模型使用最大似然概率作为识别的标准,在识别时,使用事先训练好的模型参数计算用于识别的特征出现的似然概率;然后比较识别特征对不同说话人似然概率的大小,得到识别结果。本书将采用 GMM 作为识别算法。

GMM 模型是一种基于贝叶斯判决理论的统计概率模型,将说话人识别中的分类问题转化为估计说话人样本特征的分布的问题。说话人识别中的GMM 模型原理是基于:① 数理统计理论认为任何分布都可用多个高斯分布来近似;② 说话人的信息隐藏在说话人发出的不同音(音素)中,而这些不同的音素可分为不同的类,并可用高斯模型来描述。GMM 模型使用不同的高斯模型将同一个说话人不同的音素通过一种无监督的学习分类,可以认为训练完毕的 GMM 模型描述了不同音素的分布。GMM 模型进一步压缩了用于描述说话人特征的数据量,仅用少量的数据就完整地描述了一个说话人语音特征的分布。使用一维高斯混合模型模拟某种分布的示意图如图 4.4 所示。

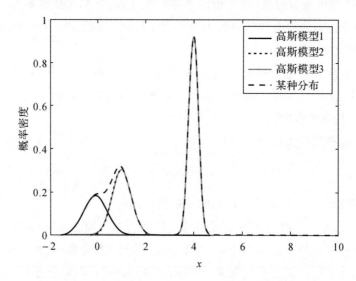

图 4.4　使用一维 GMM 模拟任意分布示意图

假设 $x$ 是采集到的样本数据(特征向量),共 $P$ 组数据,特征维数为 $N$,即 $x$ 为 $P \times N$ 的矩阵,使用 GMM 模型的描述说话人识别的概率分布表达式为

$$f(\pmb{\lambda},\pmb{\mu},\pmb{\Sigma},\pmb{x}) = \sum_{i=1}^{M} \frac{\lambda_i}{(2\pi)^{\frac{N}{2}} \mid \pmb{\Sigma}_i \mid^{\frac{1}{2}}} \exp\left[(\pmb{x}-\pmb{\mu}_i)^{\mathrm{T}} \pmb{\Sigma}_i^{-1} (\pmb{x}-\pmb{\mu}_i)\right] =$$

$$\sum_{i=1}^{M} \lambda_i p_i \tag{4.4}$$

式中　　　　$M$——高斯模型的混合数；

$\lambda_i$、$\pmb{\mu}_i$、$\pmb{\Sigma}_i$——第 $i$ 个高斯分布的权重、$N$ 维均值向量和 $N \times N$ 的协方差矩阵；

$p_i$——第 $i$ 个高斯分布函数。

从式(4.4)可以看出一个高斯混合模型的参数包括 4 个：$M$、$\lambda_i$、$\pmb{\mu}_i$ 和 $\pmb{\Sigma}_i$，其中 $M$ 可以事先设定，是一个已知的量。为简化表达式，将这些参数用一个变量表示出来可以写为 $\theta = (M, \pmb{\lambda}, \pmb{\mu}, \pmb{\Sigma})$，这样可用 $\theta$ 描述一个完整的高斯混合模型的分布。

训练高斯混合模型的参数就是通过训练样本特征向量估计参数 $\theta$ 的过程。由最大似然估计知，如上的估计问题就是通过采集到的训练样本 $x$ 估计 GMM 模型参数 $\theta = (M, \pmb{\lambda}, \pmb{\mu}, \pmb{\Sigma})$ 的过程。其思路是在假设语音各帧之间相互独立的基础上，通过选取合适的 $\theta$，使 $L(\theta)$ 取得最大值：

$$L(\theta) = \sum_{i=1}^{P} \lg \sum_{j=1}^{M} \lambda_j p_j(x_i, \theta) \tag{4.5}$$

最大似然估计通过使 $L(\theta)$ 导数为零的方式取得最大值，但是由于表达式过于复杂且含有隐藏变量，因此式(4.5)无法取得解析形式的闭合解。针对这类问题，本书应用期望最大化(Expectation - Maximization，EM)估计 GMM 模型参数 $\theta = (M, \pmb{\lambda}, \pmb{\mu}, \pmb{\Sigma})$，过程如下：

(1)使用 $k$ 均值聚类方法将 $x$ 预分为 $M$ 类，第 $l$ 类的样本个数为 $N^l$，样本记作 $x^l, l=1,2,\cdots,M$。按式(4.6)～式(4.8)求其初始化参数：

$$\lambda_l^0 = 1/N^l \tag{4.6}$$

$$\mu_l^0 = \mathrm{mean}(x^l) \tag{4.7}$$

$$\pmb{\Sigma}_l^0 = \frac{(x^l - \mu_l^0)^{\mathrm{T}}(x^l - \mu_l^0)}{N^l - 1} \tag{4.8}$$

(2)求期望(Expectation，E 步)，即计算第 $l$ 个高斯混合模型的后验概率：

$$p_l(x, \theta) = \frac{\lambda_l p(x \mid \theta_l)}{\sum\limits_{i=1}^{M} \lambda_i p(x \mid \theta_i)} \tag{4.9}$$

（3）最大化（Maximization，M 步），使用上述后验概率优化计算新的 $\theta$：

$$\lambda_l = \frac{1}{N^l} \sum_{i=1}^{N^l} p_l(x_i^l, \theta_l) \tag{4.10}$$

$$\mu_l = \frac{\sum_{i=1}^{N^l} p_l(x_i^l, \theta_l) x_i^l}{\sum_{i=1}^{N^l} p_l(x_i^l, \theta_l)} \tag{4.11}$$

$$\boldsymbol{\Sigma}_l = \frac{\sum_{i=1}^{N^l} p_l(x_i^l, \theta_l)\{(x_i^l - u_l)^{\mathrm{T}}(x_i^l - u_l)\}}{\sum_{i=1}^{N^l} p_l(x_i^l, \theta_l)} \tag{4.12}$$

（4）通过不断使用新的 $\theta = (M, \boldsymbol{\lambda}, \boldsymbol{\mu}, \boldsymbol{\Sigma})$ 重复 E 步和 M 步即可得到最终的训练结果。在实际的计算中，常常根据经验设定一定的循环次数。本书设定 40 次 E 步和 M 步的循环。

**5. 模型的识别方法**

若 $y$ 是待识别的说话人语音特征，为 $N \times D$ 的矩阵，其中 $N$ 为特征维数，$D$ 为样本个数，$k$ 为数据库中说话人的个数，通过上文中训练 GMM 模型参数的方法，可以对每个说话人都训练一个对应的 GMM 模型 $f_s(\boldsymbol{\lambda}, \boldsymbol{\mu}, \boldsymbol{\Sigma}, x)$，其中 $s = 1, 2, \cdots, k$。通过式（4.13）计算待识别特征 $y$ 对应第 $s$ 个说话人模型的 $p_s(\boldsymbol{y})$：

$$p_s(\boldsymbol{y}) = \lg(\prod_{i=1}^{D} f_s(\boldsymbol{\lambda}, \boldsymbol{\mu}, \boldsymbol{\Sigma}, y_i)) = \sum_{i=1}^{D} \lg f_s(\boldsymbol{\lambda}, \boldsymbol{\mu}, \boldsymbol{\Sigma}, y_i) =$$

$$\sum_{i=1}^{D} \lg(\sum_{j=1}^{M} \frac{\lambda_{s,j}}{(2\pi)^{\frac{N}{2}} |\boldsymbol{\Sigma}_{s,j}|^{\frac{1}{2}}} \exp[(y_i - \mu_{s,j})^{\mathrm{T}} \sum\nolimits_{s,j}^{-1} (y_i - \mu_{s,j})]) \tag{4.13}$$

式中　　　　　$y_i$——$y$ 的第 $i$ 列；

$\lambda_{s,j}$、$\mu_{s,j}$、$\boldsymbol{\Sigma}_{s,j}$——第 $s$ 个说话人对应的模型参数。

得到相对各个说话人对应的似然概率 $p_s(\boldsymbol{y})$，一般取其中最大概率对应的说话人为目标说话人。

### 4.1.2 混响对说话人识别系统的影响分析

说话人识别系统本身性能受到很多方面的影响,信号采集信道、特征提取方法、识别模型等,可以归纳为 3 个层次即信号级、特征级以及决策级的影响因素。在确定了信号采集系统的前提下(一般情况下,信号采集系统相对于说话人识别系统往往是事先建立或者两者是相互独立的),特征提取能否有效提取具有鉴别能力的特征,识别概率模型能否精确地描述说话人识别特征的分布是决定说话人识别系统性能的主要因素。下面将具体从特征级和决策级解释室内混响对说话人识别系统的影响。

以常见的线性时不变系统通道的乘积性噪声和 MFCC 特征为例,在频域的乘积性噪声在倒谱域转化为加性噪声。训练与识别环境不匹配的情况下,含有乘积性噪声的信号 MFCC 特征较纯净源信号的 MFCC 特征会出现一定的偏移,改变特征数值的大小,特征的聚类中心发生改变。各种复杂噪声在改变 MFCC 特征的聚类中心的同时还能改变特征的聚集程度。在噪声环境下,一个有效的特征提取方法应当在提取具有鉴别能力的说话人本人发音特征的同时,尽量减少噪声(包括室内通道噪声)的影响。现有说话人识别特征易受噪声影响,这导致训练和识别样本特征级的失配的问题。

在决策级,有效的概率模型应当能准确描述一个说话人语音特征的分布情况。在通道匹配时,识别特征与训练特征的概率分布是大致相同的。由于通道失配导致识别特征与训练特征的变化,两者概率分布也会出现差异。若简化以单高斯分布描述说话人特征的分布,均值向量和协方差矩阵可以确定一个单高斯分布。前面提到识别阶段的乘积性噪声会导致 MFCC 特征聚类中心发生改变,这样乘积噪声就能造成识别特征均值向量的改变,这样在原有纯净信号的单高斯分布上就会出现偏移,导致识别模型的失配。而加性噪声等复杂噪声导致均值向量和协方差矩阵的变化。均值向量和协方差矩阵的改变导致识别特征与训练特征概率分布的差异,这种概率分布的失配会导致识别率的下降,这是室内环境下说话人识别系统识别率下降的直接原因。图 4.5、图 4.6、图 4.7 分别是同一个人在消声室训练语音、消声室测试语音和实际教室测试语音的 MFCC 特征第 5 维的特征(使用 4 个混合度的 GMM 模型模拟)的概率分布图。

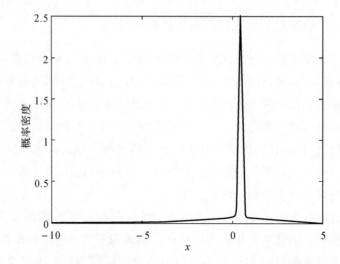

图 4.5　消声室训练样本 MFCC 特征第 5 维参量概率分布图

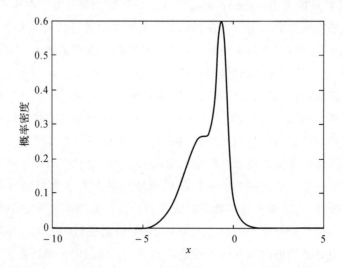

图 4.6　消声室测试样本 MFCC 特征第 5 维参量概率分布图

图 4.5、图 4.6 中 $p(x)$ 主要的高斯分布的均值分别为 0.4423、0.6263,方差为 0.099、0.1513。图 4.7 中实际房间测试样本的特征呈明显的双高斯分布,两个主要的高斯分量的均值为 0.8064 和 −0.9028,方差分别为 0.4537 和

0.3782,从图中可以看出,室内混响环境中语音 MFCC 特征的均值和方差较安静环境下发生了明显改变,从图 4.7 也可以看出,混响环境下,MFCC 特征的方差分布有明显的变大趋势。室内混响环境作用于说话人识别系统,在特征级,室内通道效应改变说话人识别特征,在决策级改变了说话人识别特征的概率分布,训练与识别过程中概率分布的变化和失配降低了说话人识别的识别率。

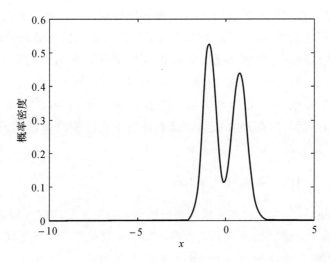

图 4.7　实际房间测试样本 MFCC 特征第 5 维参量概率分布图

因此,本书从特征级入手研究说话人识别中常用的抑制通道噪声的方法,通过改进 MFCC 特征,使其具有较强的稳定性和抑制房间通道效应的能力。

## 4.2　基于特征级的混响抑制方法

说话人识别系统的训练样本往往在安静环境中采集,实际的应用场景却在室内环境中,传声器和说话人(声源)往往需要保持一定距离,这种情况下房间混响对声信号的影响不可忽略。目前研究普遍认为,室内说话人识别造成识别系统识别率大幅下降是说话人训练与识别语音样本采集环境失配造成的,房间通道效应是造成通道失配的主要原因。大多数研究者将室内说话人识别系统性能下降的原因归结为房间通道效应导致的信号变化,包括多种噪声影响,这从信号级解释了室内混响对说话人识别系统的影响,并没有涉及与识别系统联系更为密切的特征级和决策级。本节将进一步从特征级和决策级(说话人模型级别)解释室内混响对说话人识别系统的影响。

室内说话人识别技术中有三类抑制混响算法:信号级方法、特征级方法及决策级方法。在说话人识别技术中使用特征处理方法抑制通道噪声是一种很好的思路。相比决策级的处理方法,特征级处理方法在原理上更为直观、清晰和明确,算法简单高效,不需要大量训练数据。相比信号级的处理方法,特征级处理方法具有与识别系统联系紧密、计算效率高且对识别率贡献明显等优点。特征级抑制混响影响是目前抑制房间通道噪声的主要手段。本节介绍了两种常用的通道效应抑制方法:倒谱均值规整(CMN)和相对谱滤波(RASTA),然后将这两种方法结合起来抑制室内混响对说话人识别系统的影响。

### 4.2.1 倒谱均值规整(CMN)

Olli Viikki 等提出一种在噪声环境做语音识别时使用倒谱均值规整稳定MFCC 参数的方法。后来的研究表明,CMN 不仅可用于一般的噪声环境,其对室内通道噪声的抑制也有较好的表现。

CMN 是一种较为简单的通道噪声抑制方法。其思路是在 MFCC 倒谱特征域去除均值和方差这两个受噪声影响较大的信息。CMN 需要在很长一段时间尺度上估计信号的 MFCC 参数的均值,处于时间序列前面的帧使用了整段时间序列包括该帧时间点以后的 MFCC 参数的信息,所以 CMN 本质上是一种非因果的滤波器。这种处理在物理上不可实现,但是却可以在特征域做这种处理,这也是抑制混响的特征级处理相对于信号级处理的优势所在。

很多研究将房间通道效应看作是系统通道效应的一种,房间声信号传播的传统模型认为房间在一定时间内(短时的信号采集过程中)是一个线性时不变系统,因而可以利用房间脉冲响应描述。在时域可以表示为

$$y(t) = s(t) * h(t) \tag{4.14}$$

式中 　$y(t)$——接收到的信号;

　　$s(t)$——源信号;

　　$h(t)$——房间脉冲响应的时间序列。

在频域可以写为

$$Y(\mathrm{j}\omega) = S(\mathrm{j}\omega)H(\mathrm{j}\omega) \tag{4.15}$$

式(4.15)在源信号是稳态信号的假设下是成立的,但语音是典型的短时平稳信号,只有在 $10 \sim 30$ ms 内,傅里叶变换才有意义。因此,通过将语音信号分帧,考虑到 $H(\mathrm{j}\omega)$ 是时不变的,因此式(4.15)就可以表示为

$$Y(\mathrm{j}\omega, m) = S(\mathrm{j}\omega, m)H(\mathrm{j}\omega) \tag{4.16}$$

式中　$m$——帧数标号。

这种传统的房间声信号传播模型认为房间通道效应在频谱上表现为乘积运算,因此又称为乘积性噪声。在提取实际室内信号的 MFCC 特征时,需要将频域乘积转化到 Mel 频率上。假设在乘积性噪声在 Mel 频率表示为 $c_{\mathrm{Mel}}$,与 Mel 频带有关,室内信号和纯净语音信号 Mel 频带上的关系可以写为

$$y_{\mathrm{Mel}}(l, k) \approx c_{\mathrm{Mel}}(l) s_{\mathrm{Mel}}(l, k) \tag{4.17}$$

式中　$y_{\mathrm{Mel}}, s_{\mathrm{Mel}}$——接收点的信号 $y$ 和纯净源信号 $s$ 的 Mel 频带能量;

　　　$c_{\mathrm{Mel}}$——房间通道效应在 Mel 频率的体现。

计算 MFCC 需要对 Mel 频带能量进行 DCT 变换,即

$$\mathrm{DCT}[(\lg y_{\mathrm{Mel}}(l, k)] \approx \mathrm{DCT}\{\lg[c_{\mathrm{Mel}}(l) s_{\mathrm{Mel}}(l, k-m)]\}$$
$$\approx \mathrm{DCT}\{\lg[c_{\mathrm{Mel}}(l)]\} + \mathrm{DCT}\{\lg[s_{\mathrm{Mel}}(l, k-m)]\} \tag{4.18}$$

可得

$$y_{\mathrm{MFCC}} \approx c_{\mathrm{MFCC}} + s_{\mathrm{MFCC}} \tag{4.19}$$

式(4.19)描述了室内信号和纯净信号的关系,使用 CMN 方法可以得到

$$y_{\mathrm{CMN}} = (y_{\mathrm{MFCC}} - \bar{y}_{\mathrm{MFCC}})/\sigma(y_{\mathrm{MFCC}}) = (s_{\mathrm{MFCC}} - \bar{s}_{\mathrm{MFCC}})/\sigma(y_{\mathrm{MFCC}}) =$$
$$(s_{\mathrm{MFCC}} - \bar{s}_{\mathrm{MFCC}})/\sigma(s_{\mathrm{MFCC}}) \tag{4.20}$$

式(4.20)成立的原因是由于 $c_{\mathrm{MFCC}}$ 是一个时不变的与语音信号无关的量,因此假定 $\sigma(c_{\mathrm{MFCC}}) = 0$。$y_{\mathrm{CMN}}$ 为最终的用于识别的特征。

假设时不变通道噪声在特征域表示为 $c_{\mathrm{MFCC}}$,通过去除 MFCC 的均值就能很好地抑制其影响。在实际应用中,由于信号受到各种噪声的影响,加上房间通道效应并不完全与时不变的系统通道效应相同,MFCC 特征的均值和方差容易受到噪声影响,使用 CMN 去除这两种参数可以在一定程度上抑制噪声影响。通过上述推导可以看出,CMN 能很好地抑制时不变的系统乘积性

噪声。

CMN 本质上是一种非因果的滤波器,图 4.8 表示一个 100 帧的序列,对第 50 帧做 CMN 时滤波器的幅度响应图。从图中可以看出,CMN 处理等价于一种截止频率很低的高通滤波器,因此在抑制时不变(直流分量)的通道影响的同时,对特征中缓慢变化的分量也有一定抑制作用。

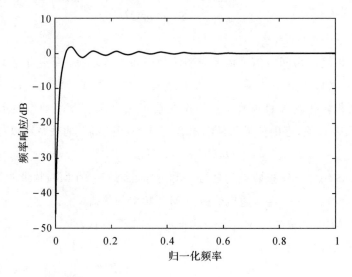

图 4.8　CMN 算法的频域响应曲线

MFCC 特征参数的均值和方差在安静环境下是有效的鉴别信息,但是易受到噪声影响,CMN 去除均值归一化方差,影响了 MFCC 特征的分布,CMN 起到了在匹配识别和训练语音样本特征的概率分布的作用。

### 4.2.2　相对谱滤波(RASTA)

Hynek Hermansky 等介绍了一种基于 RASTA - PLP 的特征提取方法,他们将 RASTA 处理应用到基于感知线性预测(Perceptual Linear Predictive, PLP)分析的对数频谱上,取得了较好的效果。本节将重点介绍 RASTA 滤波的原理、滤波器形式,并从 RASTA 滤波器的时域形式出发,解释 RASTA 抑制房间通道效应的机理,最后还将利用 RASTA 处理 MFCC 特征。

RASTA 滤波器与一般的滤波器不同,是一种时间轨迹的滤波器,其滤波

对象是频谱,对数功率谱或 MFCC 特征的语音帧序列。RASTA 的滤波器函数的一般形式如下:

$$H(z) = G \frac{z^{L-1} \sum_{i=0}^{L-1} \left( \frac{L-1}{2} - i \right) z^{-i}}{1 - \rho z^{-1}} \qquad (4.21)$$

式中,$G$,$\rho$ 和 $L$ 是滤波器函数的参数,这些参数的设定影响了 RASTA 滤波器函数的性质。图 4.9 给出了当 $G = 0.1$,$\rho = 0.94$ 和 $L = 5$ 时,RASTA 滤波器的幅度响应。

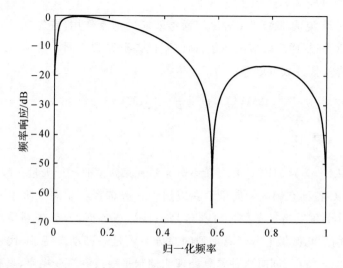

图 4.9　RASTA 滤波器的频域响应曲线

先假设有一个时域因果序列 $x(t)$ 通过 RASTA 的滤波器,这样滤波器的时域输出序列 $y(t)$ 可表示如下:

$$y(t) = G \sum_{i=0}^{L-1} \left( i - \frac{L-1}{2} \right) x(t+i) + \rho y(t-1) \qquad (4.22)$$

式中有一个初始值 $y(-1)$ 需要确定,本书中初始值 $y(-1)$ 通过 RASTA 滤波器的分子部分和 MFCC 特征的前几帧进行估计。

RASTA 方法在提取 MFCC 特征时可以应用在对数功率谱或者 MFCC 特征上,本书选择在 MFCC 特征上进行 MFCC 处理,RASTA 方法对 MFCC 特征的处理过程如下。

（1）MFCC 特征提取。设一段语音的 MFCC 参数为 $\boldsymbol{M}$，其维数为 $N$。语音帧数为 $P$，故 $\boldsymbol{M}$ 为 $N \times P$ 的矩阵。MFCC 参数获得方法见本书 4.1.1 所述。

（2）设计 RASTA 滤波器。本书选择 $G=0.1, \rho=0.94$ 和 $L=5$ 时的 RASTA 滤波器函数，故滤波器分子系数为 $(-0.2, -0.1, 0, 0.1, 0.2)$，分母系数为 $(1, -0.94)$，以此设计 RASTA 滤波器（参数 $G$ 已经考虑到分子中）。

（3）滤波处理。使用上一步已得到的滤波器分子和分母系数，对 MFCC 每一维参数做时间轨迹的滤波处理。

为进一步说明 RASTA 对房间通道效应的抑制作用，首先这里介绍另外一种 MFCC 抑制通道效应的参数：MFCC 的差分系数。同上设 MFCC 参数为 $\boldsymbol{M}$，其 $N$ 阶差分系数可以表示为

$$\Delta \mathbf{MFCC}(n) = \frac{1}{L_N} \sum_{t=-N}^{N} t\boldsymbol{M}(n+t) \tag{4.23}$$

式中，$L_N = \sum\limits_{t=-N}^{N} t^2$。

$\Delta \mathbf{MFCC}(n)$ 为 MFCC 第 $N$ 阶差分系数在第 $n$ 帧的特征矢量。$\boldsymbol{M}(n)$ 是提取的 MFCC 特征在第 $n$ 帧向量。在应用中一般选择 1 阶和 2 阶差分系数即 $N=1,2$ 作为辅助特征参数。MFCC 是一种静态特征，容易受到噪声影响。但是通过前后几帧做差分运算得到的差分系数是一种动态特征，代表了一定的说话人发音特征，同时这种差分处理能抑制平稳或者慢变噪声，具有一定的噪声鲁棒性。

RASTA 与 MFCC 差分系数有着某种联系。通过 RASTA 的带通滤波作用，消除了语音特征中缓慢变化的成分和快速变化的成分，使计算得到的特征更为鲁棒。通过 RASTA 滤波器的时域表示，可以看出若 $X(t)$ 为 MFCC 特征，式（4.22）右边的第一项就等价于 MFCC 的 $(L-1)/2$ 阶差分系数（仅相差一个倍数，若 $G$ 取值合理，则两者完全相同），本书设置 $G=0.1, L=5$，则该项等价于 2 阶 MFCC 差分系数。这说明 RASTA 滤波的分子部分等价于对 MFCC 特征作差分处理，而分母部分是一个低通滤波器，用于抑制特征中的快变分量。通过上述分析可以看出，在特征域进行 RASTA 可以通过前后若干帧的差分抑制通道噪声，其抑制通道噪声的原理与 MFCC 差分系数相似，而通过其分母低通部分的处理，能使 MFCC 特征更为稳定。RASTA 滤波器

的使用与 MFCC 差分系数相比有其独特的灵活性,RASTA 除了在特征域,在对数功率谱和功率谱都可使用。由于 RASTA 优良的性能,在语音识别领域,RASTA 滤波获得了广泛的应用。

RASTA 方法在较短的时间尺度上对 MFCC 特征进行差分运算抑制时不变的通道噪声,与 CMN 相比,灵活性更高。CMN 结合了特征分布的特点,通过去除受到噪声影响较大的均值和方差信息,抑制噪声对特征的分布的影响。因此这两种方法有一定的互补性,通过结合这两种方法可以进一步抑制房间混响对识别系统的影响。这两种算法结合的流程如图 4.10 所示。

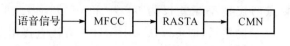

图 4.10　RASTA＋CMN 抑制混响流程图

### 4.2.3　试验研究

本节通过在 MFCC 特征提取过程中使用上述方法进行修正,并通过试验研究这些方法对房间通道效应及其他通道噪声的抑制作用。首先本书使用上述方法分别在通道匹配(训练与测试均为消声室录音)及不匹配(测试语音为实际教室录音)时,使用上述方法对信号采集系统的通道效应及房间通道效应进行抑制,通过对比第 2 章所述的基线系统,研究这些方法的实际效果。

本节首先通过仿真实验验证前文论述的 RASTA 和 MFCC 差分系数的关系,然后比较 CMN、RASTA 及其结合方法的混响抑制效果。实验使用的语料库见4.1.1节所述。

#### 1.RASTA 与差分倒谱的关系

4.2.2 节中提到 RASTA 分子部分与 MFCC 二阶差分系数相同,即在 MFCC 特征域使用 RASTA 滤波方法等价于对 MFCC 二阶差分系数做一个低通滤波,该低通滤波器的设计与 RASTA 滤波的分母部分完全等价。本节将通过仿真实验验证这种关系,在经典 MFCC 特征提取基础上,使用二阶差分系数 $\Delta$MFCC、二阶差分系数＋RASTA 低通部分(记为 R－$\Delta$MFCC),以及 RASTA 滤波处理 MFCC 特征(记为 R－MFCC)进行实验对比。实验结果对比见表 4.1。

表 4.1　RASTA 与 MFCC 差分系数改进 MFCC 的识别率

| 方法 | 识别率 | 方法 | 识别率 |
|------|--------|------|--------|
| MFCC | 49.00% | △MFCC | 45.10% |
| R-MFCC | 80.90% | R-△MFCC | 80.60% |

由表 4.1 可以看出,△MFCC 单独使用效果较差,因此在主流的说话人识别系统中,并不单独使用 MFCC 差分系数单独作为识别特征,而是将其与MFCC 参数组合使用。使用 R-△MFCC 方法与 R-MFCC 方法识别效果大致相同,两个测点的识别率相差仅为 0.3% 和 0.4%,因此验证了前述的RASTA 与 △MFCC 的关系,即可以认为 RASTA 方法直接用于改进 MFCC特征时,在参数选择合适的情况下,等价于对 MFCC 参数做各阶差分运算后使用一个低通滤波器(RASTA 滤波器的分母部分)进行处理。

**2. 混响抑制算法的识别试验**

本节在通道匹配和通道不匹配时,对比四种特征处理方法:MFCC、使用CMN 处理 MFCC(该方法记为 CMN-MFCC)、使用 RASTA 处理 MFCC 特征(该方法记为 R-MFCC)、结合 RASTA 和 CMN 的方法(该方法记为 RC-MFCC)。使用两种录音采集系统在通道匹配的情况下通过使用上节方法抑制通道噪声,不同方法的识别率对比见表 4.2。

表 4.2　通道匹配情况下不同方法的识别率

| 方法 | 识别率 | 方法 | 识别率 |
|------|--------|------|--------|
| MFCC | 92.70% | R-MFCC | 96.90% |
| CMN-MFCC | 90.00% | RC-MFCC | 95.10% |

在通道失配的情况下通过使用上节方法抑制通道噪声,不同方法的识别率对比见表 4.3。

表 4.3　通道失配情况下不同方法的识别率

| 方法 | 识别率 | 方法 | 识别率 |
|------|--------|------|--------|
| MFCC | 49.00% | R-MFCC | 80.90% |
| CMN-MFCC | 71.20% | RC-MFCC | 82.40% |

通过表 4.2 和表 4.3 可以得出以下结论:

(1) 使用 R‐MFCC 方法,在通道匹配及失配测试中,识别率都比常规 MFCC 方法高。CMN‐MFCC 在通道匹配环境下,在声望数据库中识别率略低于常规方法,这说明通道条件良好的条件下,CMN 移除了说话人特征的均值和方差信息,给识别带来了不利影响。但是在信号采集通道影响较大的时候 CMN 取得了较好的效果。

(2) 在通道失配测试时,使用 CMN 方法、RASTA 方法,以及两者联合方法的识别率都远远高于常规方法,说明这两种方法及其结合可以有效地抑制房间通道效应对识别系统的影响。

(3) 在通道失配测试时,CMN 方法识别率提高了约 22.20%,RASTA 方法识别率提高约 31.90% 和 33.60%,说明两种方法对通道效应的抑制效果有一定的差异,对这个语料库而言,R‐MFCC 的识别效果优于 CMN‐MFCC。

(4) 通道匹配情况下,识别率最高的是 R‐MFCC 方法,其次是 RC‐MFCC 方法。在本节给出的全部实验中,与单独使用 RASTA 及 CMN 两种方法对比,使用 RC‐MFCC 方法都有最好的表现,这说明 RC‐MFCC 是一种能适应多种环境的、稳定的混响抑制方法。

在本组试验中,RASTA 在抑制房间通道噪声上较 CMN 更具有优势,但是 CMN 被认为除了抑制通道噪声还有将特征标准化的作用。通过减去均值,除以方差的方式进行规整可以减少特征数据数据级上的差异,CMN 方法可以减少因为噪声带来的中心偏移及方差变化,这样就减少了噪声对决策级模型概率分布的影响。将这 RASTA 和 CMN 两种方法结合起来,一方面可以进一步抑制通道效应的影响;另一方面也可以起到使特征标准化的作用,这样使训练和识别特征的概率分布更为相似。从前面的试验可以看出,结合这两种方法取得了较好的识别效果,说明这两种方法有一定的互补性。

## 4.3　室内说话人识别的混响补偿算法

有些研究者将房间通道效应看作传统通道噪声的一种,并使用传统抑制通道效应的方法抑制房间混响。现有研究结果表明,抑制通道效应的方法在室内说话人识别中取得的效果有限。房间通道效应比一般的信号采集系统的通道效应更为复杂,只有更深层次地分析室内通道效应对说话人识别影响的原因,才能最终解决室内说话人识别遇到的问题。

本节介绍了一种减少混响对说话人识别系统影响的新算法。这种算法以Kellermann等提出的混响模型(Reverberation Modeling for Speech recognition,REMOS)为基础,通过与CMN和RASTA结合,结合反向积分等算法对原有混响模型的不足之处加以改进,将混响补偿算法与特征提取过程结合起来,改进MFCC特征,实验证明该方法提高了室内说话人识别系统识别率。

### 4.3.1 传统补偿算法的缺陷

补偿算法是通过模拟实际混响环境,使用纯净语音模拟实际室内混响语音,将纯净信号与含混响信号有差别的那一部分通过一定算法加以"补偿",使补偿后的语音信号与实际房间采集的含混响语音信号特征更为接近。前文提到,一种在信号级模拟含混响信号的方法认为,房间实际信号是源信号与房间脉冲响应的卷积。因此,传统使用源信号模拟实际房间信号的一种简单方式就是通过测量得到房间脉冲响应,然后通过与源信号卷积得到模拟的实际室内信号。

实际室内语音信号以及通过该方法获得的模拟混响语音信号的波形图如图4.11所示。该方法获得的语音信号与消声室语音的特征分布对比情况如图4.12所示。

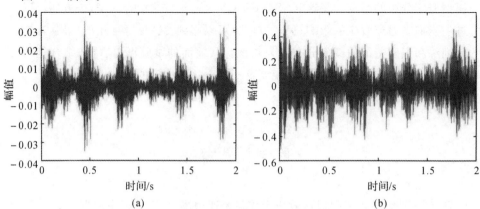

图4.11 实际混响信号与模拟混响信号时域波形图

(a) 实际混响信号; (b) 模拟混响信号

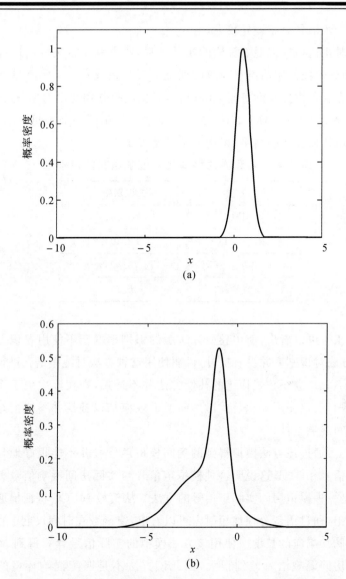

图 4.12　纯净信号与模拟混响信号第 5 维 MFCC 参数的概率分布
（a）纯净信号；　（b）模拟混响信号

由图 4.11 可以看出，实际房间的混响语音与模拟混响语音在波形上有较大差异。上节在实际房间中 MFCC 特征在第 5 维上，实际房间的混响信号的特征呈明显的双峰分布，可以看出这种方法得到语音的特征分布与室内环境下的实际语音信号分布差异较大。

为了对比这种模拟混响算法的实际效果,本书利用常规方法进行了以下实验:在训练阶段使用消声室纯净的训练语音与在教室中实际测量得到的房间脉冲响应卷积模拟实际房间混响语音,对比试验分别使用 RASTA + CMN 及未使用 RASTA + CMN 方法,然后测试语音使用同一个房间录制的语音,对比未使用任何方法的结果,识别率结果见表 4.4。

表 4.4　卷积方法模拟实际混响语言的识别率

| 方法 | 识别率 |
|------|--------|
| MFCC | 49.00% |
| RC - MFCC | 82.40% |
| 卷积方法 + RC | 73.80% |
| 卷积方法 | 45.20% |

由表 4.4 可以看出,使用卷积方法后的识别率低于不使用卷积方法的识别率,该方法对识别率并没有提升,说明使用这种方法对纯净语音进行混响补偿的作用不大。卷积公式描述的补偿方法并不适用,在实际中由于受到多种因素的影响,仅仅使用卷积公式对房间通道效应加以补偿并不能很好地模拟实际的房间混响条件。

实际上,通过该方法模拟得到的房间模拟声信号并不能很好地与实际房间含混响信号相匹配,这说明这种模拟声信号与实际房间混响信号有较大差异,并不是一种模拟房间实际声信号的方法。从信号 MFCC 特征提取过程比对可以看出,通过语音分帧加短时窗可以看出,窗函数在时间尺度上往往远远小于房间脉冲响应的长度。使用该方法模拟的实际信号计算得到 MFCC 特征与实际房间混响语音差别很大,因此该方法不是匹配混响环境的理想方法。但是另一方面,卷积公式中使用了房间脉冲响应这一房间信息,对模拟房间实际混响信号提出了一个基础和理论。

### 4.3.2　室内通道噪声分析

同一段纯净语音在消声室和实际房间中语音信号的语谱图如图 4.13 所示。

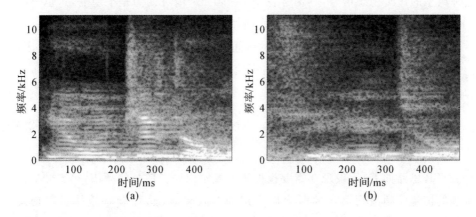

图 4.13　消声室语音(左) 和实际室内语音(右) 语谱图对比

(a) 消声室语音；　(b) 实际室内语音

由图 4.13 可以看出,房间通道效应具有以下特点:首先,房间中各种介质一般在高频具有较高的吸声系数,因此房间对声信号起到某种低通滤波的作用,在频谱图上体现为低频分量更为明显。其次,在实际房间录制的声音,前面若干帧频谱会以一定方式与后面的频谱叠加,经过一段时间(这段时间远大于一帧的时间长度) 才逐渐衰减,这种叠加在语音进入静音段时特别明显。本书将房间通道效应归纳为两种噪声:乘积噪声和叠加噪声,乘积噪声对应第1 个特征,反映在频谱上为一个乘积性噪声,具有一定低通特性;叠加噪声对应第二个特征,这种噪声对特定帧的影响为指定帧前面若干帧的语音频谱会以一定的方式衰减,然后叠加到该帧上,本书认为这是一种加性噪声,但是有别于一般加性噪声的是这种叠加噪声与当前帧相关性较强。

这种模拟方法反映室内通道噪声实际上是一种乘积性噪声,若 $s(t)$ 是长时间稳态信号,则接收点信号 $y(t)$ 可以认为是 $s(t)$ 与 $h(t)$ 的卷积。如果将卷积公式变换到频域,可以得到式(4.24):

$$Y(j\omega) = S(j\omega)H(j\omega) \qquad (4.24)$$

式中, $Y(j\omega)$, $S(j\omega)$ 和 $H(j\omega)$ 分别为对应信号 $y(t)$、$s(t)$ 和 $h(t)$ 的频谱。这直观表现出房间通道效应是一种乘积性噪声。

但是对于说话人识别问题来说,问题会复杂很多,式(4.24) 成立的条件是源信号 $s(t)$ 是长时间稳态信号,说话人识别研究对象是语音信号,语音是一种典型的短时稳态信号,其信号在 $10 \sim 30$ ms 内可认为是平稳的,这也是要将语音信号分帧的原因。因此用式(4.24)并不能准确地描述房间实际采集信号。同时由于实际室内环境中的房间脉冲响应长度往往比 30 ms 大得多,因此,直接利用式(4.24)描述室内声信号传播不够准确。为此,Kellermann 等提出一种混响模型(REMOS):

$$Y(\mathrm{j}\omega,k) \approx \sum_{m=0}^{M-1} H(\mathrm{j}\omega,m)S(\mathrm{j}\omega,k-m) \qquad (4.25)$$

式中　$k$——帧数序号。

其思路如下:假设现在需要模拟第 $k$ 帧室内语音信号的频谱,第 $k$ 帧前 $m$ 帧的信号的频谱到第 $k$ 帧时会以一定的方式衰减,这种衰减规律可以使用 $H(\mathrm{j}\omega,m)$ 描述,衰减后的频谱与第 $k$ 帧的纯净语音频谱叠加。

式(4.25)中 $H(\mathrm{j}\omega,m)$ 只代表了某频率处的衰减规律,而没有考虑到房间对信号的乘积性噪声。考虑到声源到接收点的房间传输函数的影响,将频域的乘积性噪声考虑进去,假设这种噪声是时不变的系统通道噪声,可将式(4.25)改写为

$$Y(\mathrm{j}\omega,k) \approx c(\mathrm{j}\omega) \sum_{m=0}^{M-1} H(\mathrm{j}\omega,m)S(\mathrm{j}\omega,k-m) \qquad (4.26)$$

本书认为实际房间中的噪声分为两种,一种是叠加性噪声,一种是乘积性噪声。乘积性噪声与时间无关,而与房间本身的特性以及频率有关,而叠加性噪声与房间本身特征、频率以及房间中声能衰减规律有关。

### 4.3.3　基于 REMOS 混响补偿算法

室内说话人识别的问题中就是如何匹配训练和识别环境的问题。因此,解决实际室内说话人识别问题的关键就在于找到一种能够匹配混响对纯净语音影响的算法。在特征域匹配纯净语音与室内混响语音,是本书解决室内说话人识别问题的主要思路,不同环境下的语音信号在特征域进行匹配,混响抑制算法是其中的一种思路,传统方法往往都是按照这个思路进行研究的。通过对比安静环境和实际室内环境可以看出,起到识别环境失配的主要原因是房间通道效应。那不同于抑制通道效应的算法,通过对安静环境中的信号进行混响补偿也是另一种弥补房间导致的训练和识别环境的失配问题的思路。因此本节提出的方法不同于 CMN、RASTA 的关键在于本章算法不仅通过这

两种算法抑制混响在特征域对纯净信号的影响,而且通过引入房间脉冲响应这一描述房间声学信息的参量在特征域对 MFCC 参数加以修正,通过这种模拟实际室内信号,将混响"补偿"到纯净语音的 MFCC 特征上,用混响补偿后的特征弥补室内房间通道效应对语音信号的影响。

前文提到,混响并不是一种简单的通道效应。实际上,室内混响可以分解为两种噪声效应:叠加噪声和乘积噪声,前者由房间中不同的反射体对声信号的吸收和反射等作用后,使先产生的声信号经过一定时间衰减与后产生的声信号频谱叠加;后者是导致信号频谱变化的乘积噪声,这种噪声可用房间传输函数描述,也就是传统意义上的系统通道效应。

如果将上节描述的室内噪声模型与 MFCC 特征提取结合,首先考虑叠加噪声,则将频率从 Hz 转化到 Mel 频率可以表示为

$$y_{\mathrm{Mel}}(l,k) \approx \sum_{m=0}^{M-1} h_{\mathrm{Mel}}(l,m)s_{\mathrm{Mel}}(l,k-m) \tag{4.27}$$

式中　　$y_{\mathrm{Mel}}$——信号 $y$ 的 Mel 频带能量;

$h_{\mathrm{Mel}},s_{\mathrm{Mel}}$——分帧加窗后的房间脉冲响应 $h$ 和纯净信号 $s$ 的 Mel 频带能量。

式(4.27) 表示估计当前第 $k$ 帧语音的 Mel 频带能量时,将前若干帧按照房间的 Mel 频谱能量衰减规律乘衰减系数 $h_{\mathrm{Mel}}(l,m)$,然后叠加,即可对房间混响的一部分叠加噪声效应进行补偿,减少训练样本和测试样本的不匹配。其中,$h_{\mathrm{Mel}}(l,m)$ 可通过将房间脉冲响应经过分帧、加窗、FFT 后再通过 Mel 滤波器组得到。由此得到的 MFCC 特征修正计算方法如图 4.14 所示。

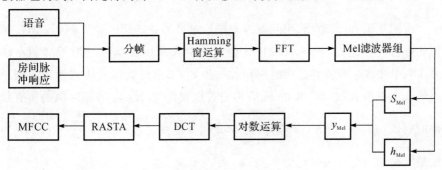

图 4.14　利用混响模型修正 MFCC 特征

式(4.27)给出了 REMOS 在 Mel 频域的表示,直接应用该模型修正 Mel 频谱还存在一些问题。首先,由于房间脉冲响应的起点往往不能精确得到,$h_{Mel}$ 由于受房间脉冲响应起点和噪声影响大,缺乏稳定性,对识别带来不利影响。其次,梅尔滤波器组在不同中心频率及其带宽内的滤波器系数是不同的,使得上述方法得到的 $h_{Mel}$ 对 Mel 频率不同频带的加权系数不同,相当于额外引入一种乘积噪声。此外,REMOS 无法准确描述房间对信号频谱的滤波效果,缺少匹配乘积噪声的机制。房间脉冲响应第一帧的 Mel 频率幅值示意图如图 4.15 所示。

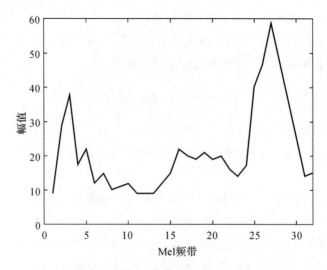

图 4.15　房间脉冲响应第一帧 Mel 频谱能量

由图 4.15 可以看出,房间脉冲响应经过分帧处理后的第一帧,各 Mel 频带处幅值差异很大,说明 REMOS 会人为引入乘积性噪声。为了抑制不同 Mel 频率滤波系数差异造成的乘积性噪声,本书通过衰减曲线估计新的修正因子 $\overline{h_{Mel}}$,替换式(4.27)中的 $h_{Mel}$,再通过规整处理,使 $\overline{h_{Mel}}$ 在第一帧的所有频带的幅值均为 1。取 $h_{Mel}$ 不同帧的 Mel 频带能量之和: $\max(\sum_{l=1}^{N}(h_{Mel}(l,m))$ 取最大值的一帧的编号记为 $t$,则 $\overline{h_{Mel}}$ 可表示为

$$\overline{h_{Mel}}(l,k) = h_{Mel}(l,m)/h_{Mel}(t,m) \tag{4.28}$$

式中　$l$——Mel 频带序号。

用式(4.27)表示的 REMOS 忽略了房间对不同频带的加强或者抑制作用,可以反映为信号与某个频率响应的乘积(噪声)。它与时间和源信号本身无关,只与房间本身特性有关。在前述改进的 REMOS 的基础上,接收信号的 Mel 频谱可完整表示为

$$y_{\text{Mel}}(l,k) \approx \sum_{m=0}^{M-1} c_{\text{Mel}}(l)\,\overline{h_{\text{Mel}}(l,m)}\,s_{\text{Mel}}(l,k-m) \tag{4.29}$$

$c_{\text{Mel}}$ 与 Mel 频带有关,表示信号传播和处理过程中出现的乘积性噪声,在一般房间中 $c_{\text{Mel}}$ 难以估计,可借助通道噪声的抑制方法减少这种噪声的影响。式(4.29)可以改写为

$$y_{\text{Mel}}(l,k) \approx c_{\text{Mel}}(l) \sum_{m=0}^{M-1} \overline{h_{\text{Mel}}(l,m)}\,s_{\text{Mel}}(l,k-m) \tag{4.30}$$

对两边应用 MFCC 的计算方法,即

$$\text{DCT}\big[(\lg y_{\text{Mel}}(l,k)\big] \approx \text{DCT}\{\lg\big[c_{\text{Mel}}(l) \sum_{m=0}^{M-1} \overline{h_{\text{Mel}}(l,m)}\,s_{\text{Mel}}(l,k-m)\big]\}$$

$$\approx \text{DCT}\{\lg\big[c_{\text{Mel}}(l)\big]\} + \text{DCT}\{\big[\sum_{m=0}^{M-1} \overline{h_{\text{Mel}}(l,m)}\,s_{\text{Mel}}(l,k-m)\big]\}$$

可得

$$y_{\text{MFCC}} \approx c_{\text{MFCC}} + \{h,s\}_{\text{MFCC}} \tag{4.31}$$

式中,$y_{\text{MFCC}} = \text{DCT}\big[\lg(y_{\text{Mel}})\big]$,是信号 $y$ 的梅尔频率倒谱系数,$c_{\text{MFCC}} = \text{DCT}\big[\lg(c_{\text{Mel}})\big]$。

$$\{h,s\}_{\text{MFCC}} = \text{DCT}\{\lg\big[\sum_{m=0}^{M-1} \overline{h_{\text{Mel}}(l,m)}\,s_{\text{Mel}}(l,k-m)\big]\} \tag{4.32}$$

由于 $c_{\text{MFCC}}$ 是由时不变噪声引起的,使用 CMN 可以很好抑制这种噪声。由上述推导可以看出,通过式(4.31)描述完整的房间通道效应,将 Mel 频带能量转化为 MFCC 时,使用 CMN 去除 $c_{\text{MFCC}}$ 的影响后,式(4.32)的右端正是使用混响模型式(4.27)补偿叠加噪声以后的 MFCC 系数的计算过程。通过将 CMN 和 RASTA 与混响模型的融合,能同时通过补偿和抑制两种方式减少叠加噪声和乘积噪声对说话人识别系统的影响。

混响抑制算法的思路是抑制混响对说话人的特征的影响,这在实际使用中因为实际室内环境变化大,室内噪声形式复杂多变等因素往往效果有限,需要采用新的思路。本书提出应当通过使用房间信息对说话人特征加以补偿,

这种思路的核心就是使安静环境下的语音通过与房间信息经过某种算法后与实际房间采集到的信号匹配起来,使用纯净语音模拟实际房间语音,而该算法的关键是解决室内通道效应的描述问题,本章将室内通道噪声分为叠加噪声和乘积噪声,通过混响模型补偿叠加噪声、CMN 和 RASTA 抑制乘积噪声,以此减少室内通道效应对 MFCC 特征的影响,这是一种解决实际室内说话人识别系统识别性能下降的新思路。

### 4.3.4 试验研究

本节使用常规 MFCC 特征比较分析所提出的混响补偿算法。在此基础上,又分别讨论了在原有混响模型与 RASTA、CMN 提出的改进方法,将 RASTA 处理 MFCC 特征的方法记为 RMFCC;将 RASTA + CMN 处理 MFCC 特征的方法记为 RCMFCC;本书提出的混响补偿算法,即使用 RASTA+CMN+REMOS 处理 MFCC 特征的方法记为 RRCMFCC。本节还讨论了不同的房间脉冲响应时长、是否使用反向积分法估计衰减曲线等对混响补偿模型识别效果的影响。

1. 混响补偿算法的识别效果

利用 4.1.1 节中建立的语料库,分别使用 MFCC、RMFCC、RCMFCC、RRCMFCC 方法进行了识别测试,识别率对比见表 4.5。

表 4.5 混响补偿算法与其他方法的识别率

| 方法 | 识别率 |
| --- | --- |
| MFCC | 49.00% |
| RMFCC | 80.90% |
| RCMFCC | 82.40% |
| RRCMFCC | 85.80% |

通过对比可以看出,RRCMFCC 的识别率在所有方法中是最高的,相对于 RCMFCC,识别率提高了 3.4%。这说明,本书提出的混响补偿算法可以在上节中给出的 RCMFCC 方法上进一步提升识别效果。

**2.反向积分及房间脉冲响应时长对混响补偿算法的影响**

本节使用与上节的说话人识别实验一致的方法,在实验时,训练使用了消声室的录音,测试时使用了实际房间中的声音。使用混响补偿算法时涉及部分的参数设置,包括以下几点:① 是否使用反向积分;② 房间脉冲响应的时长;③ 房间不同位置的房间脉冲响应。本节使用的房间脉冲响应为在实际房间中测量得到的。 房间脉冲响应的时长设定为 14 个语音帧的长度,约为162.5 ms。下面讨论是否使用反向积分以及不同的房间脉冲响应时长的条件下,对比说话人识别系统的识别效果。

在估计式(4.27)的室内声能衰减曲线时,使用反向积分后用公式估计$\overline{h_{\mathrm{Mel}}}(l,k)$可表示为

$$\overline{h_{\mathrm{Mel}}}(l,k) = \sum_{m=k}^{\mathrm{end}} h_{\mathrm{Mel}}(l,m) / \sum_{m=1}^{\mathrm{end}} h_{\mathrm{Mel}}(l,m) \tag{4.33}$$

式中    $l$——Mel 频带序号。

这种归一化处理减少了直接利用 $h_{\mathrm{Mel}}$ 进行计算时因滤波系数不同导致的乘积性噪声。

在单独使用 REMOS 对 MFCC 进行修正时,可分别通过式(4.27)、式(4.29)和式(4.33)表示的不同房间声能衰减曲线进行,在 Mel 频率补偿消声室中所录语音的 Mel 频谱。此处测试训练使用消声室纯净语音信号,测试使用实际教室采集的含混响语音信号,记使用式(4.27)的方法为 R1 - MFCC,其思路是使用原始的 REMOS 方法;记使用式(4.29)的方法为 R2 - MFCC,其思路是使用总 Mel 频谱能量最大的帧将房间脉冲响应 Mel 频率的衰减曲线归一化;记使用式(4.33)的方法为 R3 - MFCC,其思路是使用反向积分改进传统的 REMOS 方法。实验结果见表 4.6。

**表 4.6  REMOS 不同模拟方法的识别率**

| 方法 | 识别率 |
| --- | --- |
| MFCC | 49.00% |
| R1 - MFCC | 15.40% |
| R2 - MFCC | 45.70% |
| R3 - MFCC | 45.70% |

通过表 4.6 可以得出以下结论：

（1）使用 R1 - MFCC 的方法，较 MFCC 特征识别率有所下降，因为使用原有 REMOS 方法并没有对当前帧的不同频率有不同的加权系数与纯净信号的原有 Mel 频谱相乘引入了一定的乘积噪声。而使用 R2 - MFCC 识别率与原有方法相差不大，这说明通过归一化就减少了因为 REMOS 方法加权系数不同导致的 Mel 频率频谱的乘积性噪声。

（2）R3 - MFCC 较 MFCC 特征相比，识别率有了明显提升，这是因为反向积分法在描述房间中 Mel 频谱衰减规律时，通过使用衰减曲线第一帧做归一化完全消除了原始 REMOS 方法引入的乘积性噪声。

从前面分析可以看出，没有使用 CMN 和 RASTA 时，REMOS 提升不大，这说明 REMOS 提升识别效果的作用有限，而且易受乘积性噪声的影响，说明原始 REMOS 的方法缺乏匹配乘积性噪声的机制，而在抑制乘积性噪声的方法中，CMN 和 RASTA 是一种高效的方法，这就是本章将 REMOS、CMN 以及 RASTA 结合起来的原因。由于 CMN 和 RASTA 有利于消除乘积性噪声的影响，因此在 MFCC 特征提取中使用 CMN 和 RASTA 方法时，可以消除人为处理 MFCC 特征（包括原始的 REMOS）过程中引入的乘积性噪声，这体现了在特征提取完毕后使用 CMN 和 RASTA 的方法的优势。

对比使用反向积分和未使用反向积分时混响补偿算法的识别结果见表4.7。

**表 4.7　反向积分时混响补偿算法的识别率**

| 方法 | 识别率 |
| --- | --- |
| 未使用反向积分 | 85.80％ |
| 使用反向积分 | 85.10％ |

由表 4.7 可以看出，使用与未使用反向积分的识别率相差不大，与单独使用混响模型时形成对比，混响补偿算法中使用了 RASTA 以及 CMN 可以消除未使用归一化的混响模型引入的乘积性噪声干扰。

上述分析表明，本节所介绍的混响补偿方法在上一节使用 RASTA 及 CMN 方法的基础上进一步提高了识别率，说明该方法有效地模拟了室内通道噪声对说话人特征的影响。通过特征级进行特征补偿，在不提高计算量的基础上，改善了混响环境下说话人识别系统的性能。

# 本 章 小 结

　　说话人识别在身份认证、刑侦司法等领域具有广泛的应用前景。近年来，该技术正在逐渐从实验室走向实际应用。在室内环境中，说话人识别系统的识别率通常会大幅下降，这已成为当前该领域的热点问题之一。

　　由于训练语音和测试语音分别在安静环境和室内环境下采集，通道效应的存在导致测试和训练通道失配，致使系统识别率迅速降低。针对这一难题，本章结合室内声学与声信号处理理论，介绍了室内混响抑制方法的研究。

　　首先在室内不同条件下采集了大量的语音样本，建立了一个室内说话人识别的语音库，为验证后面提出的各种方法提供了数据基础。然后研究了MFCC 上限频率、GMM 模型混合度对识别性能的影响，选择合适参数建立了一个说话人识别基线系统，并测试了该系统在室内环境下的识别性能。利用倒谱均值规整（CMN）以及相对谱滤波（RASTA）抑制室内通道效应的影响，并提出一种结合 CMN 和 RASTA 的方法。最后，在研究室内通道效应特点的基础上，将混响模型和 CMN、RASTA 结合，提出一种新的混响补偿算法，并进行了实验验证。

　　通过上述理论和实验研究，得出如下结论：

　　(1)说话人识别常规识别系统在通道匹配时，取得了较好的识别效果，但是在室内混响环境中识别率会显著下降。

　　(2)在通道匹配以及室内混响两种条件下，CMN 和 RASTA 方法都能提高识别系统性能，结合 CMN 和 RASTA 的方法在不同通道情况下均能有效提高室内说话人识别系统的识别率，具有很好的稳定性。

　　(3)本章提出的混响补偿算法能较好地补偿室内通道效应的影响。在原有算法基础上进一步提升了说话人识别系统的性能。通过反向积分可进一步提高混响补偿算法的稳定性。

# 第5章　基于声场扰动分析的室内物体识别

物体识别在早期是计算机视觉领域的一个专用名词,旨在通过一定的处理方法分辨出图像或视频中的物体种类。经过多年的高速发展,图像类的物体识别技术已经非常成熟,结合流行的机器学习算法,几乎可以实现对任意物体的准确识别,因此也在很多场合获得了应用。但是,基于计算机视觉处理的物体识别技术也存在一个明显的短板,就是必须依靠图像的捕捉。当应用场景为室内环境时,会存在有较多障碍物的情况,当摄像设备无法直接获取物体的图像时,物体识别就无法完成;此外,在很多场合中,由于隐私、安全、造价等各种因素的制约,甚至不存在摄像设备,此时物体识别也就无从谈起。针对此问题,结合声波所具有的可绕过障碍物的传播特点,本章将介绍一种新型"声场式"无源物体识别方法。与其他识别方法不同,无源物体识别是在物体没有任何发声的情况下,利用房间脉冲响应的精细分析实现对混响环境中无源物体的准确识别。在研究中,对于不同类型的空间,利用实测方法得到不同类型物体存在条件下的房间声学脉冲响应,并根据其建立高效的物体识别方法,并对识别方法进行性能分析。

## 5.1　室内声场扰动基本理论

声波在封闭空间或半封闭空间中的传播与自由环境有很大不同,声波自声源发出之后,会经过一定的传播过程到达接收点,由于边界条件复杂,声波的传播路径也会非常复杂。根据室内声学理论,接收点处最终获得的声波是室内环境中所有因素综合作用的结果,环境确定之后,就会在其内部形成特定形式的声场。当室内环境的某一因素发生变化时,就会使声场发生扰动,接收到的声波也会随之发生变化,而且不同因素所引起的声场变化通常不同。封

• 128 •

闭空间声场的这种性质为实现精确的物体识别提供了理论基础,本书即以此为基础提出一种室内无源物体识别方法,本节将就室内声场扰动理论进行介绍,同时作为所提出的室内无源物体识别算法的可行性分析。

室内声场发生扰动的一个场景示意图如图 5.1 所示。假设在一个室内环境中有位置固定的声源及麦克风进行声波的收发。在初始环境中,声波自声源发出之后会经过一定的传播路径到达麦克风,此处假设接收到的声信号为 $r(t)$。当初始环境中加入某一物体(例如图中所示的物体 1)之后,声波在传播过程中会与物体 1 发生一定形式的交互作用,使声波的能量、传播方向发生改变,导致原有的声场发生了扰动,麦克风所接收到的信号也发生了变化,假设为 $r_1(t)$。同理,当初始环境不变,室内所存在的物体变为物体 2 时,接收到的信号为 $r_2(t)$。由于物体 2 的外形、吸声、散射等性质与物体 1 各不相同,因此 $r_1(t)$ 与 $r_2(t)$ 也会存在明显的差异,这就说明两种物体使声场发生的扰动不尽相同。这构成了本书中物体识别的理论基础。

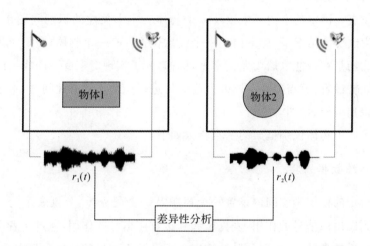

图 5.1　室内声场扰动示意图

根据室内声学理论,室内声场中接收点接收到的信号是声源信号与房间脉冲响应卷积的结果,当声源信号不一样时,导致接收声信号也会发生变化。因此,在进行声场扰动分析时,为了避免不同声源信号所带来的影响,可对房间脉冲响应直接进行分析。前文中已对房间脉冲响应的概念及获取方式进行了详细的介绍,此处不再赘述。后文将对实际房间中测得的房间脉冲响应进行时频分析,以更加直观描述声场扰动所发生的变化。

# 5.2 基于声场扰动分析的室内无源物体识别方案

## 5.2.1 物体识别算法总体方案

根据 5.1 节中的声场扰动理论以及第 2 章关于房间脉冲响应的介绍,本书提出了一种对室内中的物体进行识别的框架。需要注意的是,本书所进行的物体识别研究属于有监督形式的识别(Supervised Recognition),即假设有一个可用的训练数据集,数据的先验信息(类别标签)已知,通过一定形式的机器学习过程,可实现对新数据标签的分类,即假设室内的物体种类是固定的,每次识别均是对现有物体的识别。

假设有一固定的室内环境以及 $n$ 个物体。本书关注的识别问题是:在环境不发生改变的情况下,此室内在一个任意位置处有一个物体,需要对其进行识别。此场景在智能家居中尤其常见,例如,为了实现对家庭不同成员的个性化家庭硬件设置,就需要对不同的家庭成员进行识别。针对此问题,本书提出了一种识别框架,如图 5.2 所示。

图 5.2 中物体识别框架的基本步骤如下。

### 1.训练数据采集

在给定的待识别空间内设置一个声源及一个麦克风,分别表示为 s,m。声源起到发出声信号的作用,麦克风起到接收声信号的作用,通过二者可得到代表声信道的参数 —— 房间脉冲响应。声源及麦克风的位置可自由选择,分别表示为 $p_s,p_m$,通常设置在室内较高的地方以避免障碍物带来的影响。在测量和识别过程中,声源及麦克风的位置应始终保持不变。

在空间内设置若干数量的物体放置点,以便测量物体处于这些位置时的不同声信道。放置点近似均匀分布在空间范围内,用 $l_1,l_2,\cdots,l_m$ 表示,其中 $m$ 为放置点的数量。物体放置点的数量根据室内空间面积的大小选取,以 12～16 为宜。

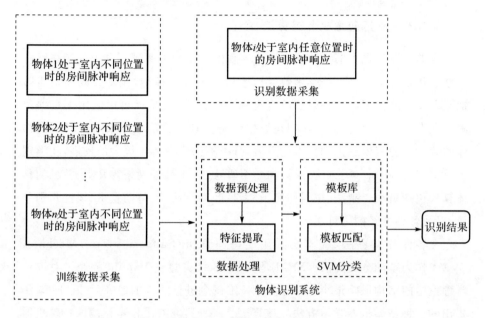

图 5.2 室内物体识别框架

将 $n$ 个物体进行编号,将 1 号物体置于 $l_1$ 上,根据房间脉冲响应的测量方法测得一个房间脉冲响应,然后将 1 号物体分别置于 $l_2,\cdots,l_m$ 上,分别测得响应的房间脉冲响应。

此后,对每一个物体都重复上一步骤的房间脉冲响应的测量过程,就完成了数据库的建立,在上述条件下,一共可测得 $m\times n$ 条样本数据。

2.识别数据采集

在上述空间内,环境保持不变,假设有一个物体位于空间内的任意位置处。为了对其进行识别,需要测得此时的房间脉冲响应作为识别数据。

3.物体的识别

利用模式识别相关理论,对训练数据进行特征提取,并利用分类算法对特征进行训练,得到模板库。在识别时,对识别数据进行同样的特征提取工作,并将所提取的特征代入分类算法进行识别,最终得到识别数据的标签,即物体的种类。

### 5.2.2 支持向量机分类算法

分类器设计是本书物体识别方法实现的一个研究基础。分类是指在已有数据的基础上学会一个分类函数或构造出一个分类模型,该函数或模型能够把数据库中的数据纪录映射到给定类别中的某一个,从而可以应用于数据预测。在本研究中,分类器的作用是根据带有类别信息的数据来实现对不同物体的分类。随着模式识别技术的发展,分类算法也获得了极大的发展,在类别上,可分为贝叶斯分类方法、决策树学习算法、人工神经网络等几类;常见的具体算法包括最小二乘法、逻辑回归、朴素贝叶斯算法、支持向量机、线性判别分析,以及各种神经网络算法等。

在各种分类算法中,本书采用支持向量机(Support Vector Machine, SVM)作为基础分类算法。SVM 是 AT&Bell 实验室 Vapnik 等经过对统计学理论中的结构风险最小化原理和 VC 维概念进行深入的研究后,在 1995 年提出的一种新型机器学习方法。该算法是一种研究有限样本预测的特殊机器学习方法,具有收敛到全局最优、泛化能力强、对维数不敏感等特点,可以很好地避免"过学习""欠学习"及"维数灾难"等缺点,同时被广泛地应用于文本分类、语音识别、生物信息、遥感图像分析、信息安全等领域。SVM 的原理如图 5.3 所示。

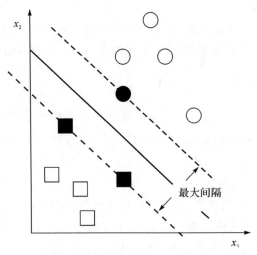

图 5.3　SVM 原理示意图

在原理上,SVM 通过寻求结构化风险最小来提高学习机泛化能力,实现经验风险和置信范围的最小化,从而达到在统计样本量较少的情况下,亦能获得良好统计规律的目的。

图 5.3 中圆形点和方形点分别代表两类训练样本,SVM 就是构造一个最优分类线,使两类样本数据集之间的距离最小。数据集中所有的点到最优分类线的最小间隔的 2 倍,称为分类器或数据集的间隔,SVM 分类器就是要找最大的数据集间隔,离分割超平面最近的那些点称为支持向量。

通俗来讲,SVM 是一种二类分类模型,其基本模型定义为特征空间上的间隔最大的线性分类器,即支持向量机的学习策略是间隔最大化,最终可转化为一个凸二次规划问题的求解。

设现有线性可分样本集 $(x_i, y_i)$, $x_i \in \mathbf{R}^d$, $y_i \in \{+1, -1\}$, $i \in \{1, 2, \cdots, l\}$,其中 $d$ 是输入的维数,$l$ 是样本数量,$y_i$ 表示向量 $x_i$ 所属类别标号。如果训练样本能够被分类超平面

$$wx + b = 0 \tag{5.1}$$

线性地分成两类,则训练样本集满足不等式(5.2):

$$y_i(wx_i + b) \geqslant 1, \quad i = 1, 2, \cdots, l \tag{5.2}$$

此时构建最优分类线的问题就被转化为凸二次规划问题,即在式(5.2)条件下求

$$\min \frac{1}{2} \| w \|^2 \tag{5.3}$$

最优分类线的实质是不仅要使分类线可以零错误率地将两类训练样本点分开,用来确保经验风险达到最小,而且也要满足分类间隔的距离最大化,从而使推广性的界中的置信范围最低,最终目的是得到最小的真实风险。由此引申到高维空间时,最优分类面就取代了原来的最优分类线。

SVM 对于不同的分类问题处理方法也不相同,在线性分类问题中,需要在离两类样本距离最大的地方选择分类面;而在非线性分类问题中,则采用低维空间向高维空间变换的方法使非线性问题转化为线性分类问题。

### 5.2.3　基于房间脉冲响应的特征提取

在各类识别问题中,特征提取都是一个关键问题。通常情况下,由于各种问题中获得的原始数据容量较大,结构复杂,也包含有较多的冗余信息,因此

需要进行特征提取的工作,即找到最能够数据最具辨识性的成份。从数学角度来看,特征提取就是从数据中找到最有效的特征,把高维的数据空间压缩到低维的特征空间,特征维数的"大小""好坏"都对最后的分类效果有很大的影响。

特征可以分为多个种类,包括物理特征、数学特征、结构特征等。物理特征是一种最直观的显示,也是最容易理解的特征。但很多情况下,单纯的物理特征分类效果一般,一些数学特征不断被提出。在本书中,拟基于房间脉冲响应提取物理特征及数学特征进行物体识别的研究。

房间脉冲响应是室内声学中代表房间声场性质的基本参数,利用其可得到一系列的声场参数,例如混响时间、中心时间、语音清晰度等,这些参数都会随声场的变化而发生改变,实际上可以作为描述声场变化的特征,本书将对这种类型的特征进行提取,并测试其在物体识别中所起到的效果。另外,本书也将利用房间脉冲响应提取梅尔频率倒谱系数作为数学特征,来测试其分类效果。上述特征的计算、提取方法在前文中均已有较多说明,此处不再赘述。

# 5.3　室内物体识别方案性能测试

## 5.3.1　识别方案的实现

在本书中,实验中分类模型采用有监督学习的方式完成,分类算法统一采用 SVM 分类器,相关程序利用开源工具包获得。在验证实验中,对不同的 SVM 分类器参数组合进行多次验证,最后取分类效果最好的一组参数。

本书选取了若干室内声学指标作为描述不同物体存在条件下的物理特征。所选取的指标包括 $T_{10}$、$T_{30}$、$C_{50}$、$D_{80}$、INR,具体见表 5.1。其中前两种特征为混响时间指标,主要代表了物体吸声因素对房间脉冲响应所产生的影响;$C_{50}$、$D_{80}$ 为明晰度与清晰度,代表了早期的声学性质;INR 则为房间脉冲响应的信噪比指标。在本书中,分别计算了 $20 \sim 5\,000$ Hz 范围内三分之一倍频程内的数据,并将其作为特征用于后文中的分类实验。

表 5.1　根据房间脉冲响应所提取的物理特征

| 物理特征类型 | 频段范围 |
| --- | --- |
| $T_{10}$ | |
| $T_{30}$ | |
| $C_{50}$ | 20 ～ 5 000 Hz 范围内的三分之一倍频程 |
| $D_{80}$ | |
| INR | |

除物理特征外,本书还对房间脉冲响应进行了 MFCC 数学特征的提取。MFCC 是在各类声学相关的识别问题中常用的特征,在本书中,每个房间脉冲响应所得到的 MFCC 的前 13 个系数作为特征向量,即特征维度为 13 维。

### 5.3.2　识别测试数据库的建立

为了测试识别方法在不同类型空间中的性能,本书在 3 个空间中采集数据并建立了数据库。这 3 个空间为混响室、空旷学生宿舍、普通的 2 人办公室。这 3 个房间在尺寸上相差不大,分别代表了不同的混响环境。

1. 混响室中数据库的建立

混响室代表了最为理想的实验条件,即空间中没有其他物体或干扰因素,且空间具有充分的声学扩散性,声波在混响室中的衰减主要受物体影响。

本书在混响室中对 3 个物体存在条件下的房间脉冲响应分别进行了测量,每个物体的摆放位置为 12 处,测量示意图如图 5.4 所示,选取的三种物体见表 5.2。

表 5.2　混响室中的 3 个物体

| 序号 | 物体 |
| --- | --- |
| 1 | 吸声海绵 |
| 2 | 纸箱(0.5 m×0.5 m×0.4 m) |
| 3 | 两相同纸箱上下相叠 |

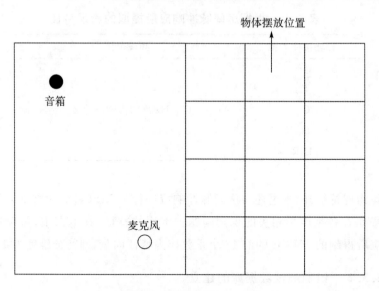

图 5.4　混响室测量示意图

### 2. 空旷学生宿舍数据库的建立

为了初步验证本书所提算法在实际房间内的有效性,本书在空旷普通学生宿舍环境中对 12 个物体、每个物体 8 个摆放位置条件下的房间脉冲响应进行了测量,测量示意图如图 5.5 所示,选取的 12 个物体见表 5.3。测量过程中,人物的姿势保持不变。

**表 5.3　空旷活动室中的 12 个物体**

| 序号 | 物体 |
|---|---|
| 1 | 凳子 1(大) |
| 2 | 凳子 2(中) |
| 3 | 凳子 3(小) |
| 4 | 盆 1(大) |
| 5 | 盆 2(中) |
| 6 | 盆 3(小) |
| 7 | 人物 1(女) |

续 表

| 序号 | 物体 |
|------|------|
| 8 | 人物 2(女) |
| 9 | 人物 3(女) |
| 10 | 箱子 1(大) |
| 11 | 箱子 2(中) |
| 12 | 箱子 3(小) |

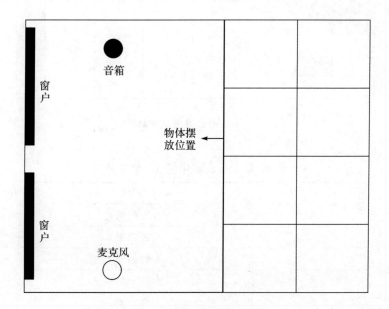

图 5.5　空旷活动室测量示意图

### 3.普通办公室数据库的建立

为了最终验证本书所提算法在普通的实际房间内的有效性,本书在一普通办公室环境中对 13 个物体、每个物体 16 个摆放位置条件下的房间脉冲响应进行了测量,测量示意图如图 5.6 所示,选取的 13 个物体见表 5.4。测量过程中,人物的姿势保持不变。

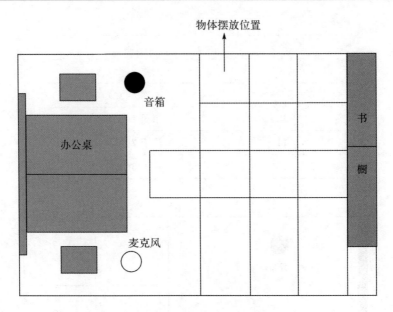

物体摆放位置

音箱

办公桌

书

橱

麦克风

图 5.6　办公室测量示意图

表 5.4　办公室中的 13 个物体

| 序号 | 物体 |
| --- | --- |
| 1 | 人物 1(男) |
| 2 | 人物 2(男) |
| 3 | 人物 3(女) |
| 4 | 人物 4(男) |
| 5 | 人物 5(女) |
| 6 | 人物 6(男) |
| 7 | 人物 7(男,与人物 1 为同一人,姿势不同) |
| 8 | 椅子 1(大) |
| 9 | 椅子 2(中) |
| 10 | 椅子 3(小) |
| 11 | 箱子 |
| 12 | 两箱子上下相叠 |
| 13 | 篮球 |

此处对测试条件及结果进行统计,统计结果见表 5.5。测得的房间脉冲响应示意图如图 5.7 所示。

**表 5.5　不同房间、物体、位置条件下测得的房间脉冲响应统计**

| 序号 | 测试环境 | 物体数量 | 物体置放位置数量 | 房间脉冲响应数量 |
|------|----------|----------|------------------|------------------|
| 1 | 混响室 | 3 | 12 | 36 |
| 2 | 空旷学生宿舍 | 12 | 8 | 96 |
| 3 | 普通办公室 | 13 | 16 | 208 |

### 5.3.3　房间脉冲响应时频分析

本书中所测量得到的房间脉冲响应包含了不同物体存在条件下的信息,因此分析房间脉冲响应的频谱特点是研究物体存在时信号所具有的特征的基础。在研究过程中,房间脉冲响应可以被视为一种非平稳信号,由于时频分析允许人们同时从时域和频域两个角度对信号进行分析,有助于获取信号的动态特征信息,本书利用时频变换对房间脉冲响应进行了分析。目前,时频变换的主要方法包括短时傅里叶变换、小波变换和希尔伯特黄变换等技术手段。其中,短时傅立叶变换是最基础也是最常用的分析方法。通过对信号进行短时傅里叶变换,将获得的频谱映射到以时间、频率为横坐标,像素点的灰度值大小代表频谱幅值的二维图被称为短时傅立叶时频分析图。其绘制步骤如下:首先,对一个房间脉冲响应作分帧处理,得到多段短时长的帧信号;然后,对各帧信号分别进行归一化和中心化处理;最后,对预处理完的各帧信号作傅里叶变换,将各帧信号的频谱图拼合起来得到短时傅立叶时频分析图。

在本书的研究中,为了实现对不同物体的区分,理想分析结果是找到不同房间脉冲响应之间的区别,为了实现此目的,此处对房间脉冲响应的时频分析结果进行比较。

图 5.8 给出了在混响室中测得的不同房间脉冲响应时频分析的对比。图 5.8(a)为物体 1 在位置 1 和 4 时的房间脉冲响应时频分析,表示了同一物体在不同位置时对房间脉冲响应所带来的影响;图 5.8(b)和图 5.8(c)分别为物体 2、3 在位置 1 和 4 时的房间脉冲响应时频分析。通过纵向对比图 5.8 的各子图,可以分析不同物体在同一位置时对房间脉冲响应的影响。

图 5.9 及图 5.10 分别为空旷学生宿舍及普通办公室中房间脉冲响应的对比,限于篇幅,本书给出对前三个物体的比较分析。

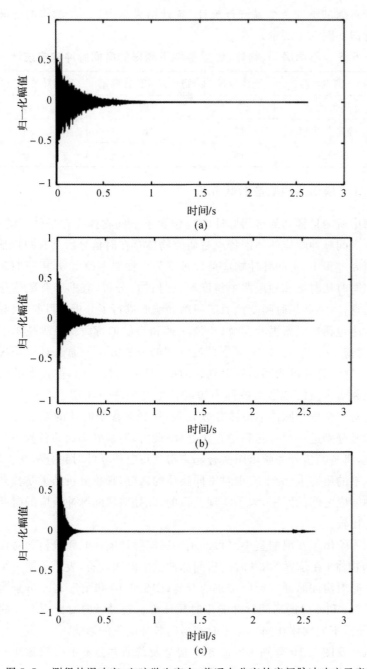

图 5.7　测得的混响室、空旷学生宿舍、普通办公室的房间脉冲响应示意图

（a）混响室；　（b）空旷学生宿舍；　（c）普通办公室

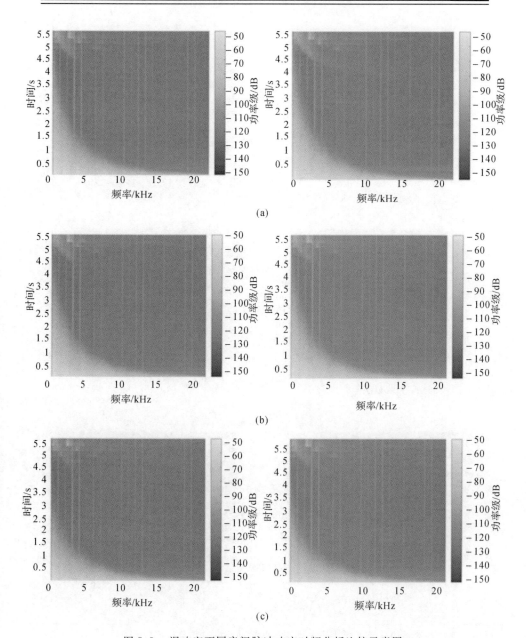

图 5.8　混响室不同房间脉冲响应时频分析比较示意图

(a) 物体 1 在位置 1 及位置 4 的房间脉冲响应时频分析图；(b) 物体 2 在位置 1 及位置 4 的房间脉冲
响应时频分析图；(c) 物体 3 在位置 1 及位置 4 的房间脉冲响应时频分析图

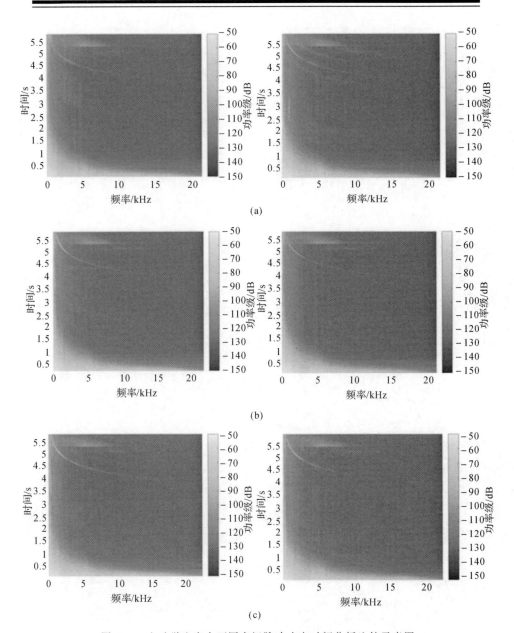

图 5.9 空旷学生宿舍不同房间脉冲响应时频分析比较示意图

（a）物体 1 在位置 1 及位置 4 的房间脉冲响应时频分析图； （b）物体 2 在位置 1 及位置 4 的房间脉冲
响应时频分析图； （c）物体 3 在位置 1 及位置 4 的房间脉冲响应时频分析图

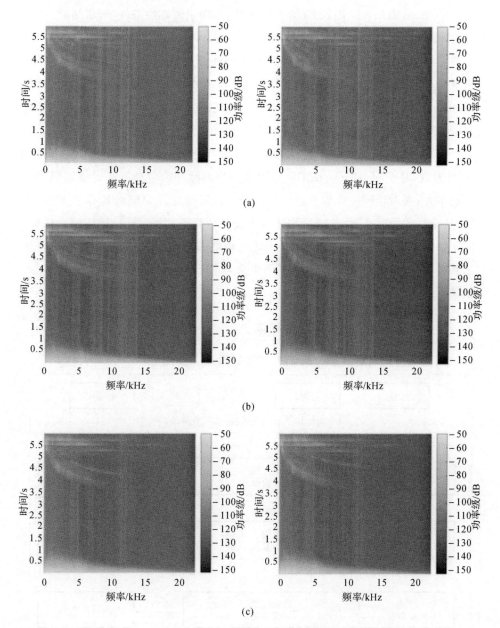

图 5.10　普通办公室不同房间脉冲响应时频分析比较示意图

(a) 物体 1 在位置 1 及位置 4 的房间脉冲响应时频分析图；　(b) 物体 2 在位置 1 及位置 4 的房间脉冲
响应时频分析图；　(c) 物体 3 在位置 1 及位置 4 的房间脉冲响应时频分析图

首先,从图 5.8～图 5.10 的整体来看,不同室内环境条件下,房间脉冲响应的时频分析图具有很大的差别。在图 5.8 中,可以看到很明显的线谱分布于整个频段范围内,而图 5.9 不具有明显的线谱成分,图 5.10 则在某些频段范围具有线谱成分;另外,不同房间条件下时频分析的能量也具有很大的不同,图 5.9 的能量明显低于另外两个室内环境。上述分析表明,不同房间的声学特性有很大差异,导致房间脉冲响应也具有很大的不同。

对每个室内环境的房间脉冲响应时频分析进行比较可以明显发现,以图 5.10 为例,对于同一物体、在不同位置上得到的脉冲响应具有一定的差别,但差别不大;而对于同一位置上的不同物体,其房间脉冲响应则具有较大的差异,从定性的角度来看,这说明物体种类变化所带来的房间脉冲响应的变化要大于物体位置变化所带来的影响,此结论为本书所提出的物体识别方法奠定了基础,即物体会对房间脉冲响应产生影响,且不同物体所带来的影响不尽相同。

### 5.3.4 物体识别方案性能测试

本书中对识别算法进行测试的方案如图 5.11 所示。

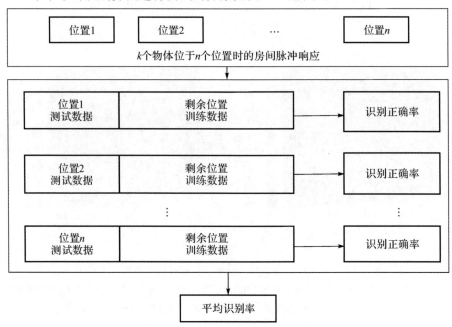

图 5.11　分类识别实验测试方案

图 5.11 中单次位置上的识别正确率表示为

$$p_i = \frac{m}{k} \times 100\%  \tag{5.4}$$

式中　$i$——位置；

　　　$k$——物体的总数；

　　　$m$——分类正确的物体数量。

所有位置上的平均识别率表示为

$$p_{\text{aver}} = \frac{\sum_{i=1}^{n} p_i}{n} \times 100\%  \tag{5.5}$$

式中　$n$——位置的数量。

举例来说，假设一个房间内设置了 4 个位置，共有 2 个物体。首先将两个物体位于位置 1 时的房间脉冲响应作为测试数据，剩余 2、3、4 位置上的房间脉冲响应作为训练数据。测试时，若两个物体均分类正确，则此种条件下识别正确率为 100%，若只有一个物体分类正确则识别正确率为 50%，以此类推。然后，将位置 2 上的房间脉冲响应作为识别数据，剩余位置的房间脉冲响应为训练数据，得到此种条件下的识别正确率。以此循环，直到测试完所有位置时的正确率。最终，将所有位置的识别正确率进行平均，即得到平均识别率。

**1. 混响室中的测试**

按照上文中的测试方案对混响室环境中的物体识别进行了测试，测试结果见表 5.6。

**表 5.6　混响室中不同特征条件下的平均识别率**

| 特征 | 平均识别率 |
| --- | --- |
| $T_{30}$ | 100.00% |
| $T_{10}$ | 100.00% |
| $C_{50}$ | 25.00% |
| $D_{80}$ | 50.00% |
| INR | 50.00% |
| MFCC | 100.00% |

从表 5.6 所示的测试结果来看,当采用 $T_{10}$、$T_{30}$、MFCC 作为特征进行识别测试时,平均识别率达 100%,但利用 $C_{50}$、$D_{80}$、INR 作为特征时平均识别率较低。由此可以得到两条结论:第一,本书所提出的室内无源物体识别方法在理论上具有可行性;第二,在混响室这种强混响条件下,利用与声吸收量有关的混响时间作为特征,可获得良好的识别效果,另外,利用 MFCC 特征也可获得良好的识别效果。

### 2. 空旷学生宿舍中的测试

空旷活动室代表了较为简单的实际环境,可进一步判断物体识别算法在简单实际环境中的适用性。在此条件下,共测量了 12 个物体存在条件下的房间脉冲响应。这 12 个物体可分为 4 大类,分别为盆、凳子、人物、箱子,每个类别下包含 3 个物体。本节中首先进行了粗分类的测试,即类别信息共有 4 类,识别结果见表 5.7。

**表 5.7　空旷学生宿舍中不同特征条件下的粗分类(4 类)平均识别率**

| 特征 | 平均识别率 |
|---|---|
| $T_{30}$ | 75.00% |
| $T_{10}$ | 75.00% |
| $C_{50}$ | 50.00% |
| $D_{80}$ | 25.00% |
| INR | 50.00% |
| MFCC | 100.00% |

在粗分类的识别测试中,利用 MFCC 特征可获得 100% 的平均识别率,利用混响时间作为特征则识别率有所下降,利用其他参数作为特征时识别率最低。此分类实验表明,本书所提出的物体识别算法在较为简单的实际环境中也具有较好的识别效果,特别是当物体类别之间存在明显差异时,识别效果很好。

除了粗分类实验,在本书还将此房间中的 12 个物体分别作为一类物体进行识别,即类别信息共有 12 类,识别结果见表 5.8。

**表 5.8　空旷学生宿舍中不同特征条件下的细分类（12 类）平均识别率**

| 特征 | 平均识别率 |
|---|---|
| $T_{30}$ | 81.25% |
| $T_{10}$ | 75.00% |
| $C_{50}$ | 48.96% |
| $D_{80}$ | 46.88% |
| INR | 44.79% |
| MFCC | 88.54% |

表 5.8 表明，当将每个物体都作为一个类别时，平均识别率有所下降，识别错误主要出现在相似的物体之间。从特征角度来看，仍旧是 MFCC 的识别率最高。

**3. 普通办公室中的测试**

普通办公室代表了最为常见的普通实际环境，可进一步判断物体识别算法在实际环境中的适用性。在此条件下，共测量了 13 个物体存在条件下的房间脉冲响应。此处将 13 个物体视为具有 13 类类别信息，识别结果见表 5.9。

**表 5.9　普通办公室中不同特征条件下的平均识别率**

| 特征 | 平均识别率 |
|---|---|
| $T_{30}$ | 63.46% |
| $T_{10}$ | 59.13% |
| $C_{50}$ | 43.27% |
| $D_{80}$ | 45.19% |
| INR | 48.08% |
| MFCC | 92.31% |

从表 5.9 所示的结果来看，利用 MFCC 特征所得到的平均识别率最高，且达到了 90% 以上，这证明了本书所提出的方法在实际环境中具有良好的识别效果，但是当利用物理特征进行识别时，识别效果较差。

4.识别算法受物体位置的影响分析

通过上述识别测试发现,本书所提出的算法在实际环境中均有效,但识别率略有不同,在空旷活动室及办公室两种实际环境中,前者的平均识别率较低,而后者较高,分析原因,应是物体位置产生的影响。在空旷学生宿舍中,在物体 8 个摆放位置时分别测量了房间脉冲响应,而普通办公室中则测量了 16 个位置时的房间脉冲响应。办公室环境下不但具有更多的训练样本,也对空间位置具有更多的概括。为了分析空间采样位置对识别效果的影响,本书对办公室环境中的数据进行了如图 5.12 所示的物体位置对测试效果的影响测试。

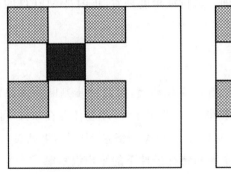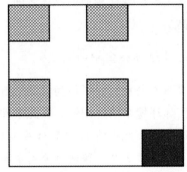

▨ 物体处于这些位置时所测得的房间脉冲响应用作训练数据

■ 物体处于这些位置时所测得的房间脉冲响应用作测试数据

图 5.12　物体位置对测试效果的影响测试

如图 5.12 所示,进行两种测试,每种测试将 4 个位置的数据作为训练数据,将 1 个位置的数据作为测试数据。第一种测试中,用于测试数据的位置位于训练数据位置的中心;而在第二个测试中,用于测试数据的位置远离训练数据位置。经测试,第一种情况下所得的识别正确率为 92%,而第二种情况的识别正确率为 68%。此结果表明物体位置识别效果确实有显著影响。这是因为,当测试数据与训练数据所在位置较为接近时,所获得房间脉冲响应也较为接近,从而更具有物体的特征性,而位置相距较远时,则同类物体的房间脉冲响应差异较大,导致识别出现问题。

# 本 章 小 结

物体识别包含多重含义,既包括各种智能设备对人们生活中不同物体的识别,也包括对识别技术要求更高的人物识别,在军事领域还涉及不同类型航行器的识别,因此物体识别技术得到了持续而广泛的研究。室内环境是人们在生活中接触最多的物体识别应用场景,在此类环境中,很多先进技术研究及工业应用的展开,如室内机器人行进路线障碍物识别、智能家居人物识别等,都依赖于一个准确而快速的物体识别方法。

针对室内复杂多变的环境、待识别物体不具备发声条件的场景,本章基于声学技术,提出一种声场式室内无源物体识别方法。此方法以房间脉冲响应为基本分析数据,当室内环境中存在某个物体时,其内部声波传播会受物体影响而发生变化,且不同物体所带来的影响不同,以此为理论基础可实现对不同无源物体的识别。

本章首先介绍了基于房间脉冲响应分析的室内无源物体识别方法的思路及框架;然后介绍了在三种代表性室内环境条件下,房间脉冲响应的测量、特征提取和时频分析;最后利用 MATLAB 软件实现了所提出的基于房间脉冲响应分析的室内无源物体识别算法,并通过大量的分类识别测试测试了算法的性能。相关研究结论如下:

(1)通过时频分析可知,当室内环境中存在不同物体时,房间脉冲响应会出现差别,这为物体识别算法的提出提供了理论基础。

(2)通过在 3 种室内环境中物体分类识别的测试,证明所提出的基于房间脉冲响应分析的室内无源物体识别方法具有理论可行性,且在实际环境中具有良好的适用性。

(3)测试了混响时间、清晰度、明晰度、MFCC 作为特征时分类识别的效果,结果表明,利用 MFCC 特征所得到的正确识别率最高,而其他物理特征所得到的正确识别率较低。

(4)本章提出的物体识别方法受物体在空间中的位置影响较大,若测试时的物体位置处于训练时所在位置的周边,则识别正确率较高;若距离较远,则识别正确率较低。

# 第6章　总结与展望

## 6.1　总　　结

室内声学是声学研究中的一项重要分支,也是人们生活中遇到频率很高的一类问题,本书以基础室内声学理论为指导,介绍了三类典型室内声学问题及其研究方法,各部分内容总结如下。

### 1.室内声源定位新思路

室内环境中的声源定位会受到房间混响的影响,传统方法效果较差。本书采用了一种新思路对室内的声源进行定位,即不再刻意追求抑制混响,而是充分利用混响所带来的声波传播多途效应来实现准确的定位。本书介绍了双传声器法室内声源定位方法,这种方法以时间反转理论为基础,在定位过程中,预先把感兴趣区域划分为一系列网格,测量或计算每个网格中心点到双传声器的通道响应,存入数据库;然后通过传声器接收到的目标声源的信号计算得到声源至传声器通道响应,再与数据库里的各个采样声源对应的参数进行匹配,峰值位置即为目标声源的位置。该方法具有简捷、鲁棒性强、成本低等优势。针对运动声源的定位,提出了一种高效搜索算法,即局部匹配追踪法,只和上一次声源位置周围的点进行匹配,该算法大大降低了匹配所需时间,提高了定位效率。

### 2.室内说话人识别中的混响抑制

说话人识别技术是现代人工智能领域中的一项重要的接口技术,很多先进技术的展开都依赖于一个准确而快速的说话人识别技术。室内环境中的说话人识别受混响影响较大,现有技术常常会出现较大误差。本书介绍了新的混响抑制思路。设计了一个基于 MFCC 特征和 GMM 模型的说话人识别基线系统,讨论了模型参数对识别系统的影响,并对其在理想环境和混响条件下的识别性能进行了测试,证明了混响对基线系统影响显著。分析了室内混响对说话人识别系统的影响,对两种常用的抑制混响的算法 CMN 和 RASTA 进行了仿真,并将二者结合应用于室内混响抑制,取得了较好的识别效果。另外提出了一种抑制混响对说话人识别系统影响的方法——混响补偿算法。分析了 REMOS 方法原理,并将其与 MFCC 特征提取过程以及 CMN 和 RASTA 结合起来的混响补偿算法,通过在室内说话人识别系统中应用,取得了良好的识别效果。还通过反向积分、确定最佳房间脉冲响应长度等分析了不同条件下混响补偿算法对说话人识别系统性能的影响。

3.基于封闭声场扰动分析的物体识别

室内环境中的物体识别技术在人们生活中有了越来越多的应用,例如智能家居、机器人识别等。本书介绍了一种新型室内物体识别方法,此方法通过分析物体对室内声场所产生的影响,来实现对不同物体的识别。声波在封闭空间或半封闭空间中的传播与自由环境有很大不同,声波自声源发出之后,会经过一定的传播过程到达接收点,由于边界条件复杂,声波的传播路径也会非常复杂。根据室内声学理论,接收点处最终获得的声波是室内环境中所有因素综合作用的结果,环境确定之后,就会在其内部形成特定形式的声场。当室内环境的某一因素发生变化时,就会使声场发生扰动,接收到的声波也会随之发生变化。以此为基础,本书建立基于声场扰动分析的物体识别模型,并对此技术性能进行了研究分析,分析表明利用 MFCC 作为物体识别过程中的特征可取得良好的识别效果。

# 6.2 研 究 展 望

由于时间和能力的问题,本书研究还存在许多不足之处,希望以后能够从以下几个方面进行更深入的研究。

首先,在基于时间反转的室内声源定位中,有必要针对各个影响因素进行仿真验证,充分利用室内声场仿真方法,一方面减少前期采样阶段的实验工作量,另一方面更加准确地判断各种因素对定位性能的影响。本书所提出的这种定位方法尚未进行窄带的测试,实际情况中。声源常常会发出窄带信号,因此需要对窄带的声源定位效果进行更加充分的测试。

其次,对室内声学参数与识别系统识别率关系的研究中,由于室内声学参数的表示较为复杂,本书只是通过相关分析对其进行了简单的研究,这方面的研究还有待深入。后面还将对脉冲响应长度、早后期声能比等参数做更细致的研究,以图揭示室内混响对识别系统性能影响的本质原因。由于室内环境的复杂性,本书混响补偿算法所使用的模型与实际室内噪声难免有一定的误差。另外,本书混响补偿算法的识别效果与通道匹配时的识别效果还有一定差距,因此该算法尚有进一步研究改善的空间。

最后,本书所提出的物体识别算法受物体在空间中的位置影响较大,当空间采样位置不足,即训练数据不充分时,识别的准确率较低,未来工作中,应进一步完善算法,使其对物体位置敏感度降低。

# 参 考 文 献

[1]  KUTTRUFF H. Room acoustics[M]. London:Spon, 2009.

[2]  KROKSTAD A, STROM S, SORSDAL S. Calculating the acoustical room response by the use of a raytracing technique[J]. J. Sound Vib, 1968, 8(1):118 – 125.

[3]  VORLÄNDER M. Simulation of the transient and the steady – state sound propagation in rooms using a new combined ray – tracing/image source algorithm[J]. J. Acoust. Soc. Am. , 1989, 81:172 – 176.

[4]  NAYLOR G M. ODEON – Another hybrid room acoustical model[J]. Appl. Acoust. , 1993, 38:131 – 143.

[5]  张雄，刘岩. 无网格法[M]. 北京:清华大学出版社，2004.

[6]  BRYSEV P. Phase conjugation of acoustic beams[J]. Sov. Phy. Acoust. , 1987, 1(32):408 – 410.

[7]  PARVULESCU A, CLAY C S. Reproducibility of signal transmissions in the ocean[J]. Radio and Electronic Engineer, 1965, 29(4):223 – 228.

[8]  FINK M, PRADA C, WU F. Self-focusing in inhomogenous media with time reversal acoustic mirrors[C]// IUS. Proceedings of the 1989 IEEE International Ultrasonics Symposium. Québec, Canada:IEEE, 1989.

[9]  WU F, FINK M, MALLART R, et al. Optimal focusing through aberrating media:A comparison between time reversal mirror and time delay correction techniques[C]// IUS. Proceedings of the 1991 IEEE International Ultrasonics Symposium. Florida, USA:IEEE, 1991.

[10]  FINK M. Time reversal of ultrasonic fields. I. Basic principles[J]. IEEE Transactions on Ultrasonics, Ferroelectrics, and Frequency Control, 1992, 39(5):555 – 566.

[11]  WU F, THOMAS J L, FINK M. Time reversal of ultrasonic fields. Il. Experimental results [J]. IEEE Transactions on Ultrasonics,

Ferroelectrics, and Frequency Control, 1992, 39(5):567-578.

[12]  CASSEREAU D, FINK M. Focusing with plane time-reversal mirrors:
An efficient alternative to closed cavities[J]. J. Acoust. Soc. Am. , 1993,
94(4):2373-2386.

[13]  WANG H, EBBINI E S, DONNELL M O, et al. Phase aberration
correction and motion compensation for ultrasonic hyperthermia
phased arrays: Experimental results [J]. IEEE Transactions on
Ultrasonics, Ferroelectrics, and Frequency Control, 41(1):34-43.

[14]  PRADA C, THOMAS J L, FINK M. The iterative time reversal
process: Analysis of the convergence[J]. J. Acoust. Soc. Am. ,
1995, 97(1):62-71.

[15]  PRADA C, MANNEVILLE S, SPOLIANSKY D, et al. Decomposition
of the time reversal operator: Detection and selective focusing on two
scatterers[J]. J. Acoust. Soc. Am. , 1996, 99(4):2067-2076.

[16]  TANTER M, THOMAS J L, FINK M. Comparison between time
reversal focusing in absorbing medium and inverse filtering[C]//
IUS. Proceedings of the 1997 IEEE International Ultrasonics
Symposium. Toronto, Canada:IEEE,1997.

[17]  TANTER M, THOMAS J L, FINK M. Time reversal and the
inverse filter[J]. J. Acoust. Soc. Am. , 2000, 108(1):223-234.

[18]  IKEDA O. An image reconstruction algorithm using phase conjugation for
diffraction-limited imaging in an inhomogeneous medium [J]. J.
Acoust. Soc. Am. , 1989, 85(4):1602-1606.

[19]  KUPERMAN W A, HODGKISS W S, SONG H C, et al. Phase
conjugation in the ocean:Experimental demonstration of an acoustic
time-reversal mirror[J]. J. Acoust. Soc. Am. , 1998, 103(1):25
-40.

[20]  EDELMANN G F, Akal T, HODGKISS W S, et al. An initial
demonstration of underwater acoustic communication using time
reversal[J]. IEEE Journal of Oceanic Engineering, 2002, 27(3):602

- 609.

[21] HODGKISS W S, SONG H C, KUPERMAN W A, et al. A long – range and variable focus phase – conjugation experiment in shallow water[J]. J. Acoust. Soc. Am. , 1999, 105(3):1597 – 1604.

[22] SONG H C, KUPERMAN W A, HODGKISS W S, et al. Iterative time reversal in the ocean[J]. J. Acoust. Soc. Am. , 1999, 105(6): 3176 – 3184.

[23] KIM S, KUPERMAN W A, HODGKISS W S. Echo – to – reverberation enhancement using a time reversal mirror[J]. J. Acoust. Soc. Am. , 2004, 115(4):1525 – 1531.

[24] SONG H C, KIM S, HODGKISS W S. Environmentally adaptive reverberation nulling using a time reversal mirror[J]. J. Acoust. Soc. Am. , 2004, 116(2):762 – 768.

[25] SONG H C, HODGKISS W S, KUPERMAN W A, et al. Experimental demonstration of adaptive reverberation nulling using time reversal[J]. J. Acoust. Soc. Am. , 2005, 118(3):1381 – 1387.

[26] DUNGAN M R, DOWLING D R. Computed narrow – band azimuthal time – reversing array retrofocusing in shallow water[J]. J. Acoust. Soc. Am. , 2001, 110(4):1931 – 1942.

[27] 张碧星,陆铭慧.用时间反转法在水下波导介质中实现自适应聚焦的研究[J].声学学报, 2002, 27(6):541 – 548.

[28] 郭国强,杨益新,孙超.利用波导不变性实现时反海底混响零点展宽[J].声学技术, 2007, 26(5):1 – 4.

[29] 郭国强,杨益新,孙超.浅海波导中时间反转处理增强信混比能力的仿真分析[J].声学技术, 2007, 26(5):826 – 829.

[30] 陈羽.被动时反定位技术研究[D/OL].长沙:国防科学技术大学,2010[2018 – 10 – 15]. http://www. docin. com/p – 1003860034. html.

[31] YON S, TANTER M, FINK M. Sound focusing in rooms:The time – reversal approach[J]. J. Acoust. Soc. Am. , 2003, 113(3):1533 – 1543.

[32] ZENG X Y, ZHANG J J. Sound sources localization in enclosed spaces based on time reversal mirror technique[C]// INTER - NOISE and NOISE - CON Congress and Conference, August 23, 2009, ottawa, Canada. New York: Institute of Noise Control Engineering,2009.

[33] 张玲华,郑宝玉. 基于语音谐波结构的鲁棒性特征参数及其在说话人识别中的应用[J]. 电子与信息学报,2006,28(10):1786 - 1789.

[34] ZBANCIOC M, CASTIN M. Using neural networks and LPCC to improve speech recognition [C]// International Symposium on Signals, Circuits and Systems,2003, Iasi, Romania. Florida, USA: IEEE,2003.

[35] HAN W, CHAN CF, CHOY CS, et al. An efficient MFCC extraction method in speech recognition[C]// ISCS. Proceedings of the 2006 IEEE International Symposium on Circuits and Systems. Florida, USA:IEEE, 2006.

[36] HIGGINS A L, WOHLFORD R E. A new method of text - independent speaker recognition[C]// Internotional Conference on Acoustic, Speech, and Signal Processing. [S. l. ]:IEEE, 1986.

[37] REYNOLDS D A, ROSE R C. Robust text - independent speaker identification using Gaussian mixture speaker models[J]. IEEE Transaction on speech and audio processing, 1995, 3(1):72 - 83.

[38] GAMMAL J S, GOUBRAN R A. Combating reverberation in speaker verification[C]// Instrumentation and Measurement Technology Conference. [S. l. ]:IEEE,2005.

[39] VIIKKI O, LAURILA K. Cepstral domain segmental feature vector normalization for noise robust speech recognition [J]. Speech Communication, 1998, 25:133 - 137.

[40] GANAPATHY S, PELECANOS J, KAMAL O M. Feature normalization for speaker verification in room reverberation[C]// International Conference on Acoustics, Speech, and Signal Processing. Prague:IEEE, 2011.

[41] CASTELLANO P J, SRIDHARAN S, COLE D. Speaker recognition in reverbetation enclosures [C]// International Conference on Acoustic, Speech, and Signal Processing. [S. l. ]: IEEE, 1996.

[42] SHABTAI N R, ZIGEL Y, RAFAELY B. The effect of GMM order and CMS on speaker recognition with reverberant speech[C]// Hand - free Speech Communication and Microphone Arrays. Trento, Italy: IEEE, 2008.

[43] JIN Q, SCHULTZ T, WAIBEL A. Far - field speaker recognition [J]. IEEE Transaction on Audio Speech and Language Processing, 2007, 15(7):2023 - 2032.

[44] 栗学丽, 徐柏龄. 混响声场中语音识别方法研究[J]. 南京大学学报(自然科学版), 2003, 39(4):525 - 531.

[45] SEHR A, KELLERMANN W. New results for feature - domain reverberation modeling[C]// Hands - free Speech Communication and Microphone Arrays. Trento, Italy: IEEE, 2008.

[46] MAAS R, WOLF W, SEHR A, et al. Extension of the REMOS concept to frequency - filtering - based features for reverberation - robust speech recognition[C]// Joint Workshop on Hands - free Speech Communication and Microphone Arrays. [S. l. ]: IEEE, 2011.

[47] PARK H A, PARK K P. Iris recognition based on score level fusion by using SVM[J]. Pattern Recognition Letters, 2007, 28(15):2019 - 2028.

[48] JEON J Y, JANG H S, KIM Y H, Vorländer M. Influence of wall scattering on the early fine structures of measured room impulse responses[J]. J. Acoust. Soc. Am. , 2015, 137(3):1108 - 1116.

[49] 曾向阳. 声场视听一体化原理及应用[M]. 西安: 西北工业大学出版社, 2007.

[50] 李美香. 无网格法的理论研究及其在 Helmholtz 问题中的应用[D]. 大连: 大连理工大学, 2008.